U0799550

中国钢铁实现超低排放的努力与成效

中国钢铁工业协会　编

北　京
冶　金　工　业　出　版　社
2025

图书在版编目（CIP）数据

中国钢铁实现超低排放的努力与成效：汉文、英文 / 中国钢铁工业协会编. -- 北京：冶金工业出版社, 2025. 8. -- ISBN 978-7-5240-0333-5

Ⅰ. X757

中国国家版本馆 CIP 数据核字第 2025X4M644 号

中国钢铁实现超低排放的努力与成效

出版发行	冶金工业出版社	**电　　话**	（010）64027926
地　　址	北京市东城区嵩祝院北巷 39 号	**邮　　编**	100009
网　　址	www.mip1953.com	**电子信箱**	service@mip1953.com

责任编辑　曾　媛　美术编辑　吕欣童　版式设计　郑小利

责任校对　王永欣　责任印制　禹　蕊

北京捷迅佳彩印刷有限公司印刷

2025 年 8 月第 1 版，2025 年 8 月第 1 次印刷

787mm×1092mm　1/16；12.25 印张；230 千字

定价 128.00 元

投稿电话　（010）64027932　投稿信箱　tougao@cnmip.com.cn

营销中心电话　（010）64044283

冶金工业出版社天猫旗舰店　yjgycbs.tmall.com

(本书如有印装质量问题，本社营销中心负责退换)

本书主要编审人员

刘 涛　黄 导　冯 超　苏长永

孙 宁　程 虹　宋 赞

翻　译

郭晓晖

本书得到了中华环境保护基金会的大力支持。

序（一）

伴随着共和国七十六年波澜壮阔的发展历程，新中国钢铁工业在中国共产党的坚强领导下，从小到大、由弱变强，取得举世瞩目的辉煌成就，在中国人民站起来、富起来、强起来的不同历史阶段发挥着不可替代的重要作用。党的十八大以来，中国钢铁工业深入学习贯彻习近平新时代中国特色社会主义思想，认真落实党中央、国务院相关决策部署，坚持稳中求进工作总基调，完整、准确、全面贯彻新发展理念，锚定“1231”行业工作重点，扎实推进“232”重点工作，高质量发展不断取得新的突破。其中，推进实施超低排放改造，取得了国内外、行业内外公认的历史性成就，体现了大国钢铁的主动担当，为钢铁行业和全社会的绿色低碳转型作出了钢铁贡献、提供了中国方案。

2018 年、2019 年《政府工作报告》和《打赢蓝天保卫战三年行动计划》均提出推进钢铁等行业超低排放，按下了钢铁等传统制造业绿色升级改造的“快进键”。2019 年，《关于推进实施钢铁行业超低排放的意见》正式发布，吹响了钢铁行业推进实施超低排放的号角。几年来，中国钢铁行业推动超低排放改造取得显著进步，将如期在 2025 年底前完成全国 80%以上粗钢产能的超低排放改造任务。据不完全统计，截至 2024 年末全国钢企超低排放改造累计投资额已超过 2600 亿元，共 126 家钢铁企业、5.53 亿吨粗钢产能完成全流程超低排放改造并在中国钢铁工业协会网站公示，1.68 亿吨粗钢产能完成了部分环节的超低排放改造及公示。钢铁行业污染物排放强度下降一半以上，钢厂面貌焕然一新，涌现出了一批环境绩效 A 级企业和一批国家 4A、3A 级旅游景区。中国钢铁工业以其巨大的历史责任感和牺牲精神，为全国空气质量的改善以及打赢“蓝天保卫战”作出了突出贡献，为美丽中国建设贡献了一份钢铁力量。

中国制定了全世界最严格的钢铁超低排放限值要求，在粉尘颗粒物、二氧化硫和氮氧化物排放浓度三项主要指标上，相比一些发达经济体，中国的超低排放限值加严近十倍。中国钢铁行业在推进实施超低排放的过程中，研发应用了一大批先进适用环保技术，形成了一系列绿色技术创新成果，这将为全球钢铁工业绿色低碳可持续发展奠定重要基础。经过超低排放这场绿色革命的“洗礼”，中国钢铁行业已经成为全球钢铁行业绿色低碳发展的贡献者与引领者。

钢铁行业推进实施超低排放，不仅仅实现了行业自身的全新蝶变，而且对传统行业实现绿色转型提供了非常有益的方法、方向和路径参考。超低排放是中国钢铁绿色转型的新里程碑，中国钢铁的环境绩效、环境技术、厂区环境达到了一个全新的水平，推动了全行业绿色高质量发展迈上新台阶。不仅如此，钢铁行业推进实施超低排放的成功实践，也为中国传统制造业的绿色转型注入了信心，提供了可借鉴的宝贵经验和样板。

《中国钢铁实现超低排放的努力与成效》系统梳理了中国推进实施钢铁超低排放的政策背景、推进历程和成果成效，深入总结了推进超低排放改造的政策体系和技术措施，精心遴选了一批优秀企业案例和工程解决方案，生动展示了中国钢铁绿色低碳转型的坚定决心、付出的巨大努力和取得的显著成绩。中国钢铁愿意与其他行业和世界钢铁同行分享经验。

千帆竞发，奋楫者先；百舸争流，破浪者胜。当前，绿色低碳是全球钢铁业界聚焦的主题之一。面对全球气候变化的严峻挑战，钢铁业作为能源消耗和碳排放强度较高、负荷较重的领域，如何在支撑经济发展并保持产业竞争力的同时，实现绿色低碳转型，是钢铁业也是各国政策制定者不得不理性面对的重大课题。全球钢铁业界在绿色低碳领域的协同、协作、创新、共享，使我们对钢铁行业实现低碳转型目标充满信心。我们坚信，钢铁一定是解决世界气候问题的重要贡献者。中国钢铁将与世界钢铁携手同行，为和谐美丽的地球家园贡献积极力量。

中国钢铁工业协会党委书记、执行会长 何文波

2025 年 3 月于北京

序（二）

生态文明建设是关系中华民族永续发展的根本大计，良好生态环境是最普惠的民生福祉。党的十八大以来，党中央、国务院始终将生态文明建设摆在治国理政的突出位置。以习近平同志为核心的党中央大力推进生态文明理论创新、实践创新、制度创新，提出一系列新理念新思想新战略，形成了习近平生态文明思想，绿色发展理念深入人心。习近平总书记多次就大气污染防治工作作出重要批示，亲自推动大气污染治理进程全面提速。国务院先后出台了《大气污染防治行动计划》《打赢蓝天保卫战三年行动计划》《空气质量持续改善行动计划》等重要文件，在不同的历史时期承担了不同的历史使命，推动了我国大气污染防治工作取得举世瞩目的成就。其中，钢铁行业超低排放改造为空气质量改善作出了突出贡献，我有幸全程参与筹划了我国大气污染治理工作，也亲历了钢铁行业由“黑”到“绿”、由“乱”到“治”全过程，作为一名“老钢铁”，深感艰苦卓绝、来之不易。

钢铁行业是我国国民经济的支柱产业，为现代化建设和经济发展作出了巨大贡献。但高速发展造成产业布局集中、污染物排放量大也成为影响区域空气质量的主要因素。如京津冀鲁豫 5 省（市），仅占全国面积的 5.6%，生产了全国 33%的钢铁、19%的焦炭，单位国土面积大气主要污染物排放是全国平均水平的 3-4 倍。2018 年，168 个城市空气质量排名倒数第 2-7 位的城市，均为全国钢铁产能前 20 位的城市，钢铁产能前 20 位的城市无一空气质量达标，平均 $PM_{2.5}$ 浓度比全国平均高 28%。

为坚决打赢蓝天保卫战，2019 年生态环境部会同有关部委印发《关于推进实施钢铁行业超低排放的意见》，强调综合治理、系统治理、源头治理，针对有组织排放、无组织排放和清洁运输，提出全流程、全环节改造要求，实现协同减污降碳增效。截至 2024 年底，全国约 9 亿吨粗钢产能完成全流程或重点工程超低排放改造，超过全国粗钢总产能的 80%。通过改造，空气质量持续改善，与 2018 年相比，2024 年钢铁产能集中的十个城市 $PM_{2.5}$ 平均浓度下降 25.6%，改善幅度高于全国。钢铁大省河北空气质量“后十”城市从 2013 年的 7 个到现在连续三年全部“清零”。通过改造，行业绿色发展水平显著提升，污染物排放量下降一半以上，环保绩效达到国际领先水平，还可协同减少 1%～2%碳排放；企业环保管理和环境治理水平大幅提升，厂区面貌焕然一新；产业结构进一步优化，先进产能占比明显提升。超低排放还有力促进了节能环保新质生产力发展，为新能源重卡打开了快速发展通道。2024 年，新能源重卡累计销量约为超低排放改造前的 10 倍，改造最集中的河北省新能源重卡销量连续 4 年位居全国之首。党中央、国务院对超低排放工作给予高度认可，习近平总书记在两院院士大会和全国生态环境保护大会上，充分肯定了钢铁行业超低排放取得的成效。世界钢铁协会总干事巴松在参观我国超低排放的钢铁企业后认为，“目前中国钢铁工业已经‘干净’到了没有其他任何一个国家可以做到的程度”。

近年来，我们以超低排放为抓手，通过实施差异化管理扶优汰劣，充分释放绿色先进产能，推动了行业绿色转型升级，生产了世界最“干净”的钢材产品，成绩斐然。中国钢铁工业协会精心策划组织编写的《中国钢铁实现超低排放的努力与成效》，是对钢铁行业超低排放改造工作成果的系统归纳与总结，也是对行业绿色转型工作的思考与探究，为传统行业绿色转型发展提供了有益借鉴。

超低排放取得的成绩不是终点，而是新的起点，面对建设美丽中国和“双碳”目标的新任务，以及钢铁行业绿色低碳转型高质量发展的新形势，让我们继续携手奋进、开拓创新，为打造引领全球的、绿色低碳高质量的清洁钢铁生产体系共同努力。

第十四届全国政协委员、生态环境部原总工程师 刘炳江

2025 年 3 月于北京

目　录

第1章

背　景

1.1　中国向“雾霾”宣战

1.1.1　“雾霾”大面积爆发

21 世纪以来，中国工业化、城镇化和现代化建设深入推进，经济社会发展取得瞩目成就，但随着能源资源消耗的持续增加，带来的生态系统影响严峻。以可吸入颗粒物（PM_{10}）、细颗粒物（$PM_{2.5}$）为特征污染物的区域性大气环境问题尤其突出。2013 年，雾霾大面积集中爆发，蔓延至全国近半国土，平均霾日数为 35.9 天，创 52 年来之最。《2013 中国环境状况公报》数据显示，依据 2012 年新修订的《环境空气质量标准》对二氧化硫等六项污染物进行评价，74 个新标准第一阶段监测实施城市环境空气质量达标比例仅为 4.1%，其他 256 个城市执行空气质量旧标准，达标城市比例为 69.5%。大气污染防治三大重点区域（以下简称“重点区域”）中，京津冀和珠三角区域所有城市均未达标，长三角区域仅舟山六项污染物全部达标。大气污染对人民群众身体健康和经济社会发展造成了严重的影响。

1.1.2　大气污染“攻坚战”打响

党的十八大以来，以习近平同志为核心的党中央将生态文明建设摆在治国理政的突出位置，将大气污染治理作为生态环境保护的首要任务。中国以前所未有的决心和力度向大气污染宣战，开启了大气污染防治的关键十年。

2013 年，国务院印发《大气污染防治行动计划》；2017 年，“大气十条”提出的空气质量改善目标全面实现；2018 年 6 月，国务院印发《打赢蓝天保卫战三年行动计划》（以下简称“三年行动计划”），提出经过 3 年努力，大幅减少主要大气污染物排放总量，协同减少温室气体排放，进一步明显降低细颗粒物（$PM_{2.5}$）浓度，明显减少重污染天数，明显改善环境空气质量，明显增强人民的蓝天幸福感。

1.2 钢铁行业积极响应

1.2.1 “超低排放”实施前，钢铁行业大气污染防治成绩与问题

“十一五”以来，中国钢铁行业在结构调整和布局调整方面取得积极成效，钢铁行业大气污染治理也取得了积极进展。2012 年，《钢铁烧结、球团工业大气污染物排放标准》《炼铁工业大气污染物排放标准》《炼钢工业大气污染物排放标准》等钢铁系列排放标准出台，钢铁行业全面开展烧结机烟气脱硫、原料场封闭、除尘器改造等工作，2017 年吨钢二氧化硫和颗粒物排放量较 2012 年分别下降了 50%和 32%。通过将标准限值与国外标准对比可以发现，其中二氧化硫、氮氧化物等部分污染物排放标准限值已经严于国外的标准。

但钢铁行业仍然是中国大气防治工作中，重点区域大气污染治理的重点行业。主要有三方面特点：一是钢铁产业规模大、大气污染物排放总量大。其中颗粒物、二氧化硫、氮氧化物在实施超低排放以前，约占工业行业相关污染排放总量的 12.4%、9.6%、32.2%。另外钢铁大宗物料在贮存、生产、转运过程中颗粒物无组织排放问题突出，烟粉尘无组织排放约占钢铁行业烟粉尘总排放量的 58.7%。二是重点区域钢铁产能过度集中、环境承载力不足。京津冀及周边、长三角、汾渭平原钢铁产能占全国总产能的 55%。产业布局与环境承载力矛盾十分突出，是导致重点区域大气污染的重要原因。三是工艺结构和产业结构尚需不断优化，污染治理难度大。中国钢铁行业长流程炼钢比重过大，而污染和碳排放更低的电炉短流程炼钢占比不足 10%；部分长流程钢铁企业工序不完整，独立焦化企业数量过多，“2+26”城市独立焦化企业焦炉数量超过 85%；独立轧钢企业数量较多，在“2+26”城市分布着数百家独立轧钢企业，无法达到钢铁制造物质流、能量流的统筹优化。大量钢铁企业运输方式主要依靠公路运输，汽车尾气和扬尘对钢厂周边空影响很大。

1.2.2 在全球率先启动超低排放改造

随着蓝天保卫战的全面打响，钢铁行业成为大气污染防治的"主战场"，抓减排成为钢铁行业的硬任务，超低排放应运而生。同时，随着国家化解过剩产能和打击"地条钢"的政策红利释放，钢铁企业效益明显提升，企业的利润水平得到基本保证，有一定的资金实施环保设施及工艺的改造、升级。因此，钢铁企业实施超低排放改造、解决生态环境突出问题的时机已到。

中国高度重视钢铁行业超低排放改造。2017 年 10 月 18 日，习近平总书记在中国共产党第十九次全国代表大会上的报告中提出持续实施大气污染防治行动，打赢蓝天保卫战，明确要求"提高污染排放标准"；《2018 年政府工作报告》（2018 年 3 月 30 日）强调，要推进污染防治取得更大成效，推动钢铁等行业超低排放改造，提高污染排放标准，实行限期达标，《2019 年政府工作报告》也提出要加快火电、钢铁行业超低排放改造；2018 年 6 月中共中央、国务院印发《关于全面加强生态环境保护 坚决打好污染防治攻坚战的意见》，将"推动钢铁等行业超低排放改造"作为坚决打赢蓝天保卫战的重要任务；《打赢蓝天保卫战三年行动计划》将"推动实施钢铁等行业超低排放改造"作为深化工业污染治理的重要内容。2019 年 4 月 29 日，《关于推进实施钢铁行业超低排放的意见》发布，钢铁行业超低排放改造正式拉开序幕。

钢铁行业超低排放改造既是推动行业绿色低碳转型、实现高质量发展的关键路径，也是打赢蓝天保卫战、持续改善空气质量的重要支撑。在系统开展前期研究和充分准备的基础上，中国率先在全球范围内启动了钢铁行业超低排放改造工程。

第2章
历　　程

2.1 前　　期

2.1.1 中国钢铁行业污染物排放标准体系基本情况

为推动中国钢铁行业整体产业结构优化升级，促进主要污染物总量减排、落实国家环保政策，原环境保护部于2012年6月发布了《钢铁烧结、球团工业大气污染物排放标准》（GB 28662—2012）、《炼铁工业大气污染物排放标准》（GB 28663—2012）、《炼钢工业大气污染物排放标准》（GB 28664—2012）、《轧钢工业大气污染物排放标准》（GB 28665—2012）等钢铁系列排放标准。钢铁系列排放标准规定了从金属冶炼到最终形成钢材过程的污染控制要求，大幅收紧了颗粒物和二氧化硫的排放限值，增设了氮氧化物等污染物的排放限值；针对环境敏感地区规定了更严格的大气污染物特别排放限值。

2.1.2 钢铁超低政策的发展历程

在超低排放政策发布前的2017年，钢铁系列排放标准已经实施近五年，现有企业执行新建企业排放限值也有两年多时间，标准的实施对行业污染防治和污染物减排促进作用十分明显，但是钢铁行业大气污染物排放总量仍然较大，与当时中国火电行业排放标准要求相比仍有差距。生态环境主管部门充分参考火电行业实施超低排放的成功经验，更加严格地计划编制钢铁行业的超低排放政策。

2.1.2.1 钢铁行业超低排放政策前期调研

A 生产工艺流程及产排污节点

钢铁生产流程长、工序多、资源和能源密集、物理化学变化复杂。其生产工艺从炼钢来说有长流程和短流程之分，从炼铁来说也可分为高炉炼铁及非高炉炼铁。通过对重点地区，特别是钢铁产业密集度最高的河北省开展的详细调研，明确了钢铁行业的生产工艺流程、产排污节点和产排污特点。钢铁行业大气污染物排放具有排放点多、污染因子多、排放量较大、阵发性强、无组织排放较大、有回收价值等特点。

虽然火电行业的超低排放通过加严限值标准，取得了不错的减污效果，但是根据前期调研掌握的情况，钢铁企业与火电行业在生产流程上存在着极大的不同，无法直接照搬火电行业相关指标。

钢铁行业减排难度来自四个方面：一是重点排口特别是烧结工序，污染物排放量占比极大（烧结机机头氮氧化物排放量占钢铁厂排放总量的70%左右）；二是物料消耗量大，产尘点数量多，料场扬尘、运输扬尘、厂房烟尘外逸等无组织排放问题突出；三是钢铁行业属于大进大出的重物流生产制造行业，吨钢会产生4~5吨的外部物流运输需求、6~8吨的内部物流运输需求，运输过程污染物、碳平均排放量分别约占钢铁企业排放总量的20%、5%；四是大多数钢铁企业环保管理水平偏低，污染治理设施缺乏有效地运行维护。

B 超低排放限值及管理措施的制定

根据前期调研情况，在超低政策编制的初期便确定了主要编制原则，即覆盖全工艺流程污染源，包括有组织、无组织排放源和运输污染源，重点控制因子为二氧化硫、氮氧化物、颗粒物。

a 有组织限值制定原则

根据主体生产设施运行工况以及现有治理技术的达标能力，综合考虑现有可行技术对应的排放限值，有组织排放指标初步确定为：烧结机机头烟气、球团焙烧烟气在基准含氧量 16%条件下，颗粒物、二氧化硫、氮氧化物小时均值排放浓度分别不高于10毫克/立方米、35毫克/立方米、50毫克/立方米；其他主要污染源颗粒物、二氧化硫、氮氧化物小时均值排放浓度分别不高于10毫克/立方米、50毫克/立方米、200毫克/立方米。

为判断指标数据的可达性，编制组调取了2017年各省市环境统计数据，全面分析了重点工序重点排放口排放数据分布，通过分析执行现行标准的烧结机头烟气污染物监督性监测中颗粒物、二氧化硫和氮氧化物浓度可知，在未执行超低排放要求前，部分企业的部分限值已具备超低排放达标能力；烧结机机头方面，二氧化硫达到超低排放限值样本数量在 26.85%，颗粒物、氮氧化物达到超低排放限值比例分别为 4.08%和 7.21%；烧结机机尾方面，满足超低排放限值的企业监督性监测样本数量为 10.13%（图 2-1）。

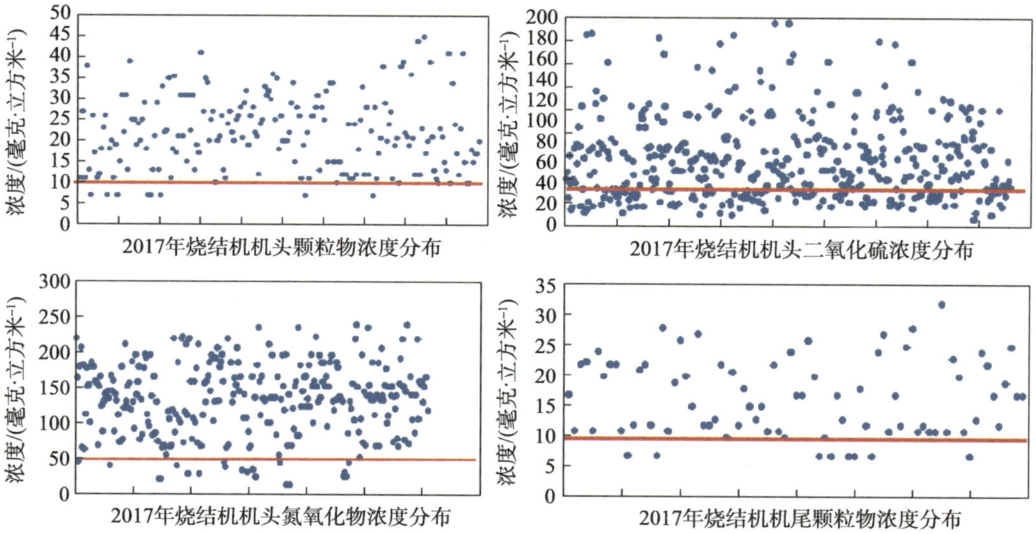

图 2-1　重点有组织排放指标排放浓度分布

调研目的是使限值的设定既要具备先进性同时又具备可达性。

b　无组织管控措施制定原则

针对目前钢铁企业无组织排放的特点，计划从六个层面进行管控：

（1）优化倒运：优化厂区物流，厂内基本杜绝物料二次倒运。

（2）散状物料管控：石灰、除尘灰、脱硫灰、粉煤灰等散状物料应采用管状带式输送机、气力输送设备、罐车等密闭方式输送，采用密闭料仓、储罐等方式储存；铁精矿、煤、焦炭、烧结矿、球团矿、石灰石、白云石、铁合金等散状物料以及高炉渣、钢渣、脱硫石膏等废渣应采用皮带通廊、封闭车厢、管状带式输送机等封闭或密闭方式输送；采用封闭料仓、储库、料棚等方式储存。确需汽车运输的物料，应使用封闭车厢或严密苫盖，装卸车时应采取加湿等抑尘措施。

（3）落料除尘：所有物料落料点、破碎筛分设备等，应配备集气罩和除尘设施，或采取喷雾等抑尘措施。

（4）车间封闭：烧结机、球团竖炉等生产设施以及高炉出铁场、钢渣处理设施应封闭，炼钢车间设置屋顶罩，炼钢、轧钢等主要生产车间应封闭。

（5）工艺治理：烧结机机尾、环冷机，焦炉机侧炉口，高炉炉顶上料、矿槽、高炉出铁口、铁水罐、铁沟、渣沟，炼钢铁水预处理、精炼炉、电炉、石灰窑、白云石窑等产尘点应配备集气和除尘设施。

（6）焦化VOC收集：炼焦煤气净化系统冷鼓各类贮槽（罐）及其他区域焦油、苯等贮槽（罐）的有机废气应接入压力平衡系统或收集净化处理，酚氰废水预处理设施（调节池、气浮池、隔油池）应加盖并配备废气收集处理设施，开展设备和管线泄漏检测与修复（LDAR）工作。

针对钢铁及各行业环保管理政策均未对无组织排放管理给出详细定义的情况，首次对无组织排放治理要求提出明确定义，为今后企业改造、环保部门执法提供参考依据，即：

密闭：物料不与环境空气接触，或通过密封材料、密封设备与环境空气隔离的状态或作业方式。

封闭：利用完整的围护结构将物料、作业场所等与周围空间阻隔的状态或作业方式，围护结构的接合缝隙不需做密封处理，设置的门窗、盖板、检修口等配套设施在非必要时应关闭。

半封闭：利用不完整的围护结构对物料、作业场所等进行遮挡的状态或作业方式

c 清洁运输及监测监控

除固定污染源排放外，钢铁行业同样存在大量移动源排放，这部分污染源的管理在之前的各项标准政策中均未进行详细要求，因此计划通过充分利用已有铁路专用线、新建铁路专用线等方式，打通与主干线等连接，增加铁路运力，加快铁海联运主干线衔接，加快公路转铁路运输；对短距离运输大宗物料的，大力推广采用管道或管状带式输送机等密闭方式运输。厂区内非道路移动机械应为清洁能源或新能源。

监测监控方面，前期调研中发现大多数钢铁企业环保管理水平偏低，污染治理设施缺乏有效的运行维护机制。因此计划从三个层面开展监控，体现自证守法原则。

（1）自动监控：烧结机机头、烧结机机尾、球团焙烧、焦炉烟囱、装煤地面站、推焦地面站、干法熄焦地面站、高炉矿槽、高炉出铁场、铁水预处理、转炉二次烟气、电炉烟气、石灰窑、白云石窑、燃用发生炉煤气

的轧钢热处理炉、自备电站排气筒等均应安装自动监控设施。

（2）过程监控：上述污染源污染治理设施均应安装环保分布式控制系统（DCS），记录企业环保设施运行主要参数。

（3）视频监控：料场出入口、焦炉炉体、烧结环冷区域、高炉矿槽和炉顶区域、炼钢车间顶部等易产尘点，应安装高清视频监控。在厂区内主要产尘点周边、运输道路两侧布设空气质量监测微站点，监控颗粒物等管控情况。钢铁企业要建设门禁系统和视频监控系统，监控运输车辆进出厂区情况。

2.1.2.2 超低排放方案征求意见稿发布

2018 年 3 月编制组开始起草钢铁企业超低排放改造工作方案初稿，3 月 23 日组织行业、企业代表和环保管理部门代表召开钢铁行业超低排放座谈会；经生态环境部环境工程评估中心、生态环境部环境规划院、冶金工业规划研究院、生态环境部环境标准研究所等专家反复讨论、修改，4 月底形成征求意见稿；5 月 7 日发出《关于征求〈钢铁企业超低排放改造工作方案（征求意见稿）〉意见的函》，向部内相关司局、发改委、工信部、财政部、交通部、省级环保主管部门、中国钢铁工业协会、中国炼焦行业协会、中国铸造协会以及铁路总公司征求意见并公开发布向全社会征求意见。

2.1.2.3 超低排放方案正式稿发布

2019 年 4 月 29 日，生态环境部、国家发展和改革委员会、工业和信息化部、财政部、交通运输部正式联合发布《关于推进实施钢铁行业超低排放的意见》（以下简称“《意见》”），至此全国层面的钢铁企业超低排放改造正式拉开序幕。超低排放在钢铁行业乃至整个工业行业都具有极强的先进性，实现了 5 个“首次”。

“首次”提出钢铁行业源头治理、过程控制要求。钢铁行业流程长、工艺复杂，原燃料和工艺过程对末端的排放影响较大，《意见》充分考虑了优先通过工艺改造、煤气精脱硫、低氮燃烧、烟气循环、无组织排放控制等源头治理和过程控制措施来减少污染物的排放。钢铁企业副产的高炉煤气、焦炉煤气又是本企业热风炉、轧钢热处理炉等炉窑的主要燃料，由于煤气中含有大量硫化氢和有机硫，燃烧后排放的二氧化硫浓度较高。每家钢铁企业燃用煤气的炉窑少则十多个，多则上百个，若仅采取末端治理措施，将需要建设大量的脱硫脱硝设施，既浪费大量建设投资，日常运行管理难度也较大，同时还会带来大量的脱硫副产物。因此，《意见》提出高炉煤气、焦炉煤气应实施精脱硫，高炉热风炉、轧钢热处理炉应采用低氮燃烧技术，从而实现源头控制。

“首次”提出调整流程结构减污。与长流程生产工艺相比，短流程没有铁矿石制备铁水环节，因此电炉短流程炼钢具有突出的绿色低碳优势，是钢铁行业减污降碳协同增效的重要技术路线。美国短流程电炉钢占比早在2002年就已经超过了50%，欧洲同一时期电炉钢占比也达到了41.5%，而中国直到2016年电炉钢占比仍不到10%。《意见》明确鼓励高炉—转炉长流程企业转型为电炉短流程企业，通过流程结构改造减排，达到超低排放要求。

“首次”对具体行业提出运输方面要求。钢铁行业是货物运输量最大的行业之一，生产1吨粗钢需要5倍的厂外运输量，由此推算，钢铁行业货运量在40亿吨以上，占全国货运总量1/10左右。考虑到解决交通运输污染排放问题，尤其是交通运输结构调整需要以生产企业为抓手推动实施。为此，《意见》对钢铁企业大宗物料产品清洁运输提出了明确要求。这也是落实《打赢蓝天保卫战三年行动计划》《推进运输结构调整三年行动计划（2018—2020年）》和《柴油货车污染防治攻坚战行动计划》提出的“大幅提升铁路货运比例”、推进“公转铁”的具体举措，倒逼地方和钢铁企业加快推进交通运输结构调整，有效降低污染物排放。

“首次”对钢铁行业无组织排放管理提出明确要求。“十二五”以来，钢铁行业大力实施除尘改造和烧结烟气脱硫等大气污染治理工程，吨钢二氧化硫、吨钢烟粉尘排放量分别下降了50%和32%，有组织排放量大幅下降的同时，无组织排放问题在钢铁行业越发凸显。“钢铁行业物料吞吐量大、粉粒料较多、产尘点数量多，料场扬尘、运输扬尘、厂房烟尘外逸等无组织排放问题突出，颗粒物无组织排放量占钢铁行业污染物排放总量的50%以上。”《意见》将无组织排放分为物料储存、物料输送、工艺过程三类进行控制。优先采用密闭、封闭等有效控制措施；对于不可避免的产尘点，全面提高废气收集能力，做到应收尽收，确保产尘点和车间不得有可见烟粉尘外逸，实现无组织排放的“超低化”，并且《意见》对密闭、封闭、密闭储存、密闭输送、封闭储存、封闭输送、封闭车间等措施予以明确界定，便于企业和监管部门操作。

“首次”规定了烧结、球团含氧量指标。现行钢铁烧结（球团）工业大气污染物排放标准未规定烟气基准含氧量，调查显示，部分企业存在稀释排放行为。根据设备运行工况调研统计，正常情况下，钢铁企业烧结机头烟气含氧量为16%左右，但有的企业达到18%~19%，同一实测浓度折合成相同基准含氧量条件下，折算浓度相差1倍左右。为此，《意见》将烧结机机头烟气基准含氧量确定为16%。关于球团烟气含氧量，生态环境部从污染源监控中心调取了全国121条各类球团生产线烟气在线监测小时均值数据进行分析，共106万个数据。其中，球团竖炉烟气含氧量主要集中在15%~18%，平均为16.5%；链篦机回转窑烟气含氧量主要集中在16%~19%，平均为17.7%；带式球团焙烧机烟气含氧量主要集中在17%~20%，平均为18.5%。结合实地调研情况，根据不同工艺设备特点，《意见》科学地将球团竖炉基准含氧量确定为16%，带式焙烧机、链篦机回转窑烟气基准含氧量确定为18%。

2.2 试点启动阶段（2018—2019年）

2.2.1 《关于做好钢铁企业超低排放评估监测工作的通知》的制定

为落实《意见》要求，高质量稳步有序推进超低排放改造，避免“豆腐渣”工程，规范钢铁企业超低排放评估监测工作，统一超低认定程序和方法，生态环境部起草并发布了《关于做好钢铁企业超低排放评估监测工作的通知》（以下简称“《通知》”）及其附件《钢铁企业超低排放评估监测技术指南》。

《通知》首次规定了全行业的评估监测流程，即钢铁企业完成超低排放改造并连续稳定运行一个月后，可自行或委托有资质的监测机构和有能力的技术机构，按照《钢铁企业超低排放评估监测技术指南》对有组织排放、无组织排放和大宗物料产品运输情况开展评估监测。经评估监测达到超低排放要求的，企业将评估监测报告报所属地（市）级生态环境部门。

《通知》还规定了企业是超低评估监测的主体责任人，要求钢铁企业要本着稳中求进、时间服从质量的原则，高质量实施超低排放改造，分步开展评估监测。明确了地方各级生态环境部门应采取的事中事后监管措施。应将经评估监测认为达到超低排放的企业纳入动态管理名单，实行差别化管理。加强事中、事后监管，通过调阅CEMS（烟气自动监控系统）、视频监控、门禁系统、空气微站、卫星遥感等数据记录，组织开展超低排放企业“双随机”检查。对不能稳定达到超低排放的企业，及时调整出动态管理名单，取消相应优惠政策；对存在违法排污行为的企业，依法予以处罚；对存在弄虚作假行为的钢铁企业和相关评估监测机构，加大联合惩戒力度。

2.2.2 试点企业评估监测工作开展情况

在编制《通知》及其附件《钢铁企业超低排放评估监测技术指南》的同时，生态环境部选取已基本完成超低排放改造的首钢股份公司迁安钢铁公司（以下简称“迁钢”）为试点，组织中国环境监测总站、冶金工业规划研究院、生态环境部环境工程评估中心分别对有组织、无组织排放控制和清洁方式运输开展超低排放评估和监测工作。

试点企业存在问题及工作开展情况如下：

有组织排放口数量多。一个钢铁联合企业排放口数量普遍有上百个，是火电、水泥和玻璃企业排放口数量的几十倍甚至上百倍，且烟气成分复杂。本次试点企业迁钢共有 183 个有组织废气排放口，其中钢铁企业超低排放指标限值表中规定的污染源为 110 个，考虑到钢铁企业同类污染源较多，本次试点共选取 60 个有代表性（指生产装备规模相同，配备污染治理设施，处理技术与处理能力相同的装备选择其中一套进行监测）的污染源开展现场监测，并对 32 套 CEMS 全部进行了比对。监测频次为主要排放口监测 3 天，其他排放口监测 1 天。监测总站组织宝钢监测站、天津市站等监测站共 1300 人次开展了为期 3 个月的有组织排放监测工作，其中现场踏勘和预评估、现场监测和实验室分析、监测报告编制各用时约 1 个月。

无组织排放环节多。钢铁企业无组织排放存在排放源数量多、分布散、单源小、总量大的特点，从原料系统、烧结、球团、炼焦、炼铁、炼钢到轧钢工序均有不同程度的无组织排放，通常一个烧结或炼铁车间无组织排放源就多达上百个。无组织排放评估现场核查分 3 个小组、每组 9 人，用时一个月。评估工作组对全厂 2270 个点位无组织控制措施符合性进行逐一核查，对料场抑尘设施、治理设施运行状况和效果进行现场核查，分析了 100 套除尘器运行电流、电压、风量等历史数据，抽测了 19 个皮带机头机尾的废气捕集装置风速。

物料和产品运输量大。钢铁行业是货物运输量最大的行业之一，生产 1 吨粗钢约需 4~5 倍的厂外运输量。以某钢铁企业为例，2018 年粗钢产量 796

万吨，进出厂区大宗物料和产品运输量 3252 万吨，全部采用重型柴油货车运输，日运输量 2227 辆次。迁钢 2018 年大宗物料和产品运输量 2436 万吨，在满足清洁方式运输比例 80%的情况下，重型货车日运输量达 330 辆次。评估工作组依据运输台账计算连续 3 个月的清洁方式运输比例，并抽查了一个月火车运输相关票据和生产方面台账，校核了运输台账的真实性。

针对上述问题和难点环节，迁钢首创了重点排放源稳定超低排放技术、全流程系统集成超低排放技术、无组织排放管控治一体化技术等，探索并构建了全流程超低排放技术体系，实施改造项目 70 个，总投资 15 亿元，经过一年的集中攻坚，所有问题均整改到位。经评估单位评估，迁钢率先达到超低排放要求。其中，有组织排放方面，60 个排放口手工监测数据全部满足超低排放限值要求；物料存储、物料输送、生产工艺无组织点位控制措施满足要求；清洁运输比例达到 80%以上。

2.2.3 改造技术指南的编制

《意见》发布后，各地钢铁企业积极响应政策要求，实施了一系列环保改造工程，但从当时阶段改造情况看，由于《意见》的要求相对宏观，对于如何具体落实相关要求没有进行详细阐述，企业对《意见》中提到的有组织排放技术路线选择、无组织控制措施要求、清洁运输要求以及监测监控要求等内容理解不到位，导致部分企业治理设施的技术路线、设计参数、控制要求等与《意见》要求还具有一定差距，减排效果难达预期。因此，有必要及时总结已公示的钢铁企业超低排放工程经验，编制《钢铁企业超低排放改造技术指南》，作为钢铁企业实施超低排放改造的参考，为钢铁行业实现高质量超低排放，打赢蓝天保卫战提供技术支撑。

因此中国环境保护产业协会、中国环境保护产业协会冶金环保专业委员会组织冶金工业规划研究院、生态环境部环境工程评估中心、中国环境监测总站等单位，从源头减排、有组织排放治理、无组织排放治理、清洁运输及其他管理要求等方面对生产设施改造、治理技术选取、治理措施设计参数、集中管控平台建设、车辆更换要求等方面进行了详细说明。

《指南》是自愿性技术指导文件，而非强制执行的标准，钢铁企业和地方管理部门可根据当地生态环境管理要求和企业实际情况参考选用。鼓励钢铁企业、环保企业和科研机构开展技术研发，应用新技术、新工艺和新装备实现超低排放。《指南》中提及的工艺、技术以及相关参数均来自现有钢铁企业超低排放改造工程实际成功运行的案例。通过一些稳定运行案例的经验总结，为企业开展超低排放改造提供参考。

2.3 重点推进阶段（2020—2022年）

自2020年开始，中国钢铁行业超低排放改造进入重点推进阶段。生态环境部强化政策指导与技术支持，并支持中国钢铁工业协会创新建立超低排放改造公示机制，各级地方政府因地制宜实施差异化管控措施，通过多方协同发力，推动钢铁行业超低排放改造取得显著进展。

2.3.1 生态环境部加强指导帮扶

在超低推进过程中，生态环境部建立月调度机制，加强对各省市和重点企业的指导帮扶，并针对难点环节开展专题研究，推动企业高质量实施超低排放改造。

2.3.1.1 建立按月调度机制

生态环境部建立钢铁超低排放改造月调度机制，按月调度各省钢铁联合企业超低排放改造项目实施进展，及时了解地方工作存在的问题和困难，针对重点区域、重点问题开展专题指导。充分发挥中国钢铁工业协会等组织作用召开钢铁企业超低改造推进会，并赴钢铁企业开展现场检查和指导帮扶。与四川省人民政府、工业和信息化部联合举办全国短流程炼钢推进大会，支持四川省先行先试，开展电炉钢高质量发展引领工程，鼓励企业通过工艺改造减少污染物排放，达到超低排放要求。

2.3.1.2 建立定期会商机制

生态环境部大气环境司定期与中国钢铁工业协会会商，共同推动钢铁行业超低排放改造，并组织开展专题研究，着重解决突出和难点问题。如，针对超低排放改造难点之一的高炉煤气精脱硫环节，组织有关单位及专家赴多家钢铁企业调研高炉煤气精脱硫技术应用情况和设施设备运行状况，推进相关技术装备研发，为企业开展高炉煤气源头治理、协同减污降碳提供支撑；为鼓励淘汰落后，调度统计各地步进式烧结机装备使用和环境管理情况，明确步进式烧结机超低排放公示要求。

2.3.2 行业协会创新公示机制

为加强先进企业的正向引导作用，树立行业超低排放标杆，指导钢铁企业高质量推进超低排放改造工作，同时发挥公众舆论的监督作用，中国钢铁工业协会在生态环境部的支持和指导下，充分发挥平台作用，组织业内专家同行对钢铁企业超低排放评估监测结果进行评议，并在中国钢铁工业协会的网站公示，确保公开透明（图 2-2）。

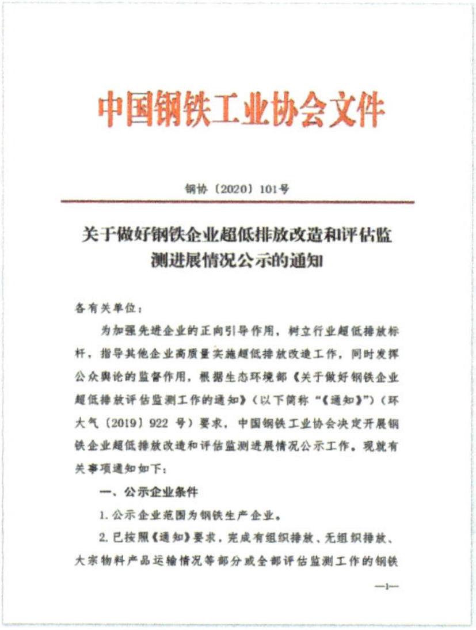

中国钢铁工业协会文件

钢协〔2020〕101号

关于做好钢铁企业超低排放改造和评估监测进展情况公示的通知

各有关单位：

为加强先进企业的正向引导作用，树立行业超低排放标杆，指导其他企业高质量实施超低排放改造工作，同时发挥公众舆论的监督作用，根据生态环境部《关于做好钢铁企业超低排放评估监测工作的通知》（以下简称"《通知》"）（环大气〔2019〕922 号）要求，中国钢铁工业协会决定开展钢铁企业超低排放改造和评估监测进展情况公示工作。现就有关事项通知如下：

一、公示企业条件

1. 公示企业范围为钢铁生产企业。

2. 已按照《通知》要求，完成有组织排放、无组织排放、大宗物料产品运输情况等部分或全部评估监测工作的钢铁

—1—

图 2-2 中国钢铁工业协会关于组织公示的相关文件及网站公示截图

2.3.2.1 制定规范严谨的公示流程

建立了规范化的超低排放改造公示审核流程，具体包括以下五个环节：

（1）企业申报。符合条件的企业可自愿提交公示申请，按要求提供完整的申报材料；

（2）形式审查。由中国钢铁工业协会环保节能工作委员会秘书处（挂靠在中国钢铁工业协会发展与科技环保部）对申报材料进行规范性审查，确保材料完整性和合规性；

（3）报告评审。中国钢铁工业协会组织专家开展技术评审，指定评审组长单位。企业根据评审意见整改并提交整改回复报告，经专家组复核确认后方可进入下一环节；

（4）现场核查。中国钢铁工业协会组织专家开展现场调研核查，形成

现场核查意见，确保改造工程与申报材料的一致性；

（5）公示报送。中国钢铁工业协会将企业申报材料、专家评审意见及整改回复报告、现场核查意见等全套资料报生态环境部。

2.3.2.2　组建全面专业的评审专家

中国有冶炼产能的钢铁企业有 400 余家，超低排放评估监测公示工作面临审核任务繁重和评审时限紧迫等挑战。为确保审核工作的质量和效率，中国钢铁工业协会着力构建专业化评审专家队伍。在中国钢铁工业协会环保节能工作委员会主任及副主任单位推荐专家的基础上，进一步面向全体委员单位广泛征集评审专家，建立起规模逾百人的公示审核专家库（图 2-3）。该专家库不仅涵盖行业权威专家，还包括具有丰富实践经验的钢铁企业技术骨干，通过多元视角严格把关，确保超低排放改造成果的可靠性。同时，中国钢铁工业协会建立了专家承诺制度，要求参与评审的专家签署承诺书，有效保障了评审过程的规范性和公正性。

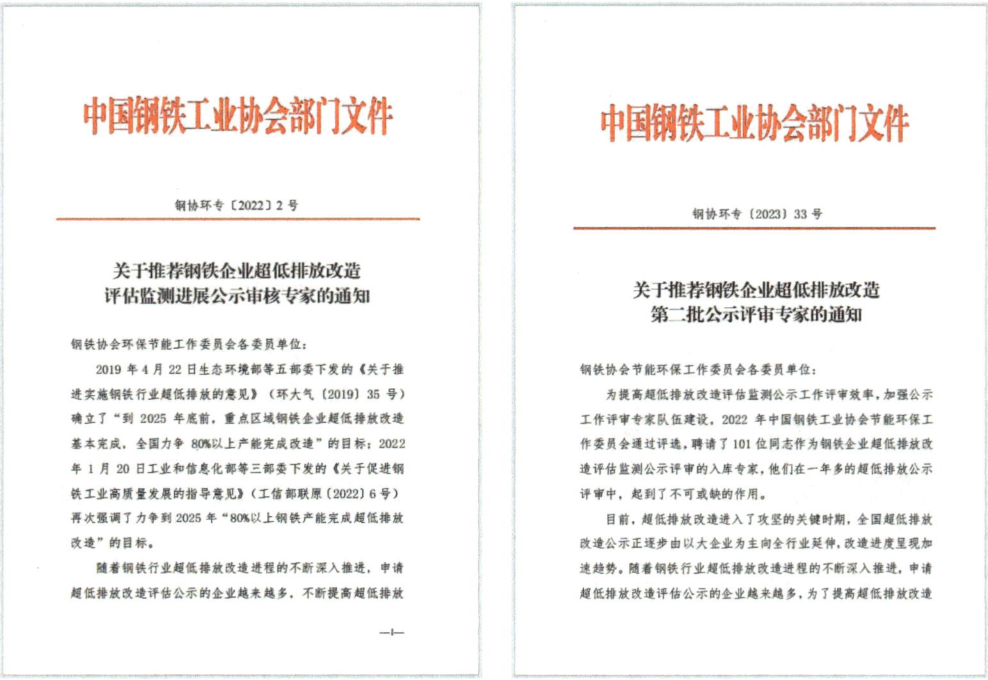
中国钢铁工业协会部门文件

钢协环专〔2022〕2 号

关于推荐钢铁企业超低排放改造
评估监测进展公示审核专家的通知

钢铁协会环保节能工作委员会各委员单位：

2019 年 4 月 22 日生态环境部等五部委下发的《关于推进实施钢铁行业超低排放的意见》（环大气〔2019〕35 号）确立了“到 2025 年底前，重点区域钢铁企业超低排放改造基本完成，全国力争 80%以上产能完成改造”的目标；2022 年 1 月 20 日工业和信息化部等三部委下发的《关于促进钢铁工业高质量发展的指导意见》（工信部联原〔2022〕6 号）再次强调了力争到 2025 年“80%以上钢铁产能完成超低排放改造”的目标。

随着钢铁行业超低排放改造进程的不断深入推进，申请超低排放改造评估公示的企业越来越多，不断提高超低排放

—1—

中国钢铁工业协会部门文件

钢协环专〔2023〕33 号

关于推荐钢铁企业超低排放改造
第二批公示评审专家的通知

钢铁协会节能环保工作委员会各委员单位：

为提高超低排放改造评估监测公示工作评审效率，加强公示工作评审专家队伍建设，2022 年中国钢铁工业协会节能环保工作委员会通过评选，聘请了 101 位同志作为钢铁企业超低排放改造评估监测公示评审的入库专家，他们在一年多的超低排放公示评审中，起到了不可或缺的作用。

目前，超低排放改造进入了攻坚的关键时期，全国超低排放改造公示正逐步由以大企业为主向全行业延伸，改造进度呈现加速趋势。随着钢铁行业超低排放改造进程的不断深入推进，申请超低排放改造评估公示的企业越来越多，为了提高超低排放改造

图 2-3　中国钢铁工业协会关于组建专家库的相关文件

2.3.2.3　创建精准科学的评审模式

专家评审工作采用“材料审核+现场核查”的双重验证机制（图 2-4）。

一方面，对企业的超低排放评估监测报告、工作总结等申报材料进行技术审查；另一方面，重点开展实地调研核查，全面核实改造工程实施情况。这种“书面审查与现场验证相结合”的评审模式，既确保了数据的真实性和可靠性，又强化了过程管控的有效性，显著提升了评审工作的科学性和权威性。

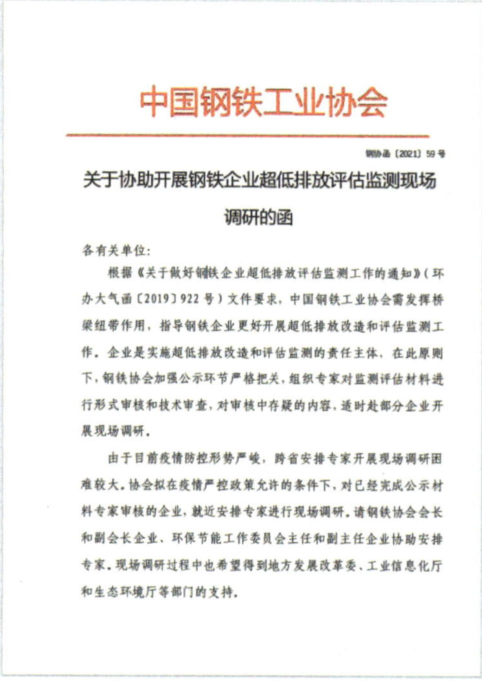

中国钢铁工业协会

钢协函〔2021〕59号

关于协助开展钢铁企业超低排放评估监测现场调研的函

各有关单位：

根据《关于做好钢铁企业超低排放评估监测工作的通知》（环办大气函〔2019〕922号）文件要求，中国钢铁工业协会需发挥桥梁纽带作用，指导钢铁企业更好开展超低排放改造和评估监测工作。企业是实施超低排放改造和评估监测的责任主体，在此原则下，钢铁协会加强公示环节严格把关，组织专家对监测评估材料进行形式审核和技术审查，对审核中存疑的内容，适时赴部分企业开展现场调研。

由于目前疫情防控形势严峻，跨省安排专家开展现场调研困难较大。协会拟在疫情严控政策允许的条件下，对已经完成公示材料专家审核的企业，就近安排专家进行现场调研。请钢铁协会会长和副会长企业、环保节能工作委员会主任和副主任企业协助安排专家。现场调研过程中也希望得到地方发展改革委、工业信息化厅和生态环境厅等部门的支持。

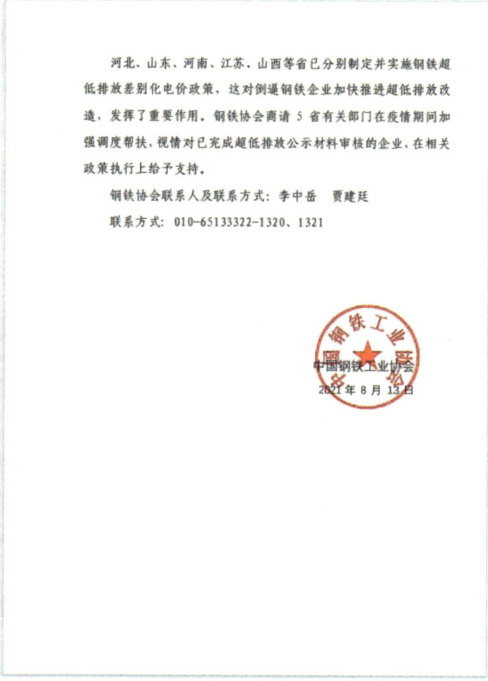

河北、山东、河南、江苏、山西等省已分别制定并实施钢铁超低排放差别化电价政策，这对倒逼钢铁企业加快推进超低排放改造，发挥了重要作用。钢铁协会商请5省有关部门在疫情期间加强调度帮扶，视情对已完成超低排放公示材料审核的企业，在相关政策执行上给予支持。

钢铁协会联系人及联系方式：李中岳　贾建廷

联系方式：010-65133322-1320、1321

中国钢铁工业协会

2021年8月13日

图 2-4　中国钢铁工业协会关于开展现场调研核查的相关文件

2.3.2.4　建立动态闭环的管理机制

为彰显超低排放公示工作的示范性、引领性和严肃性，确保其切实发挥对钢铁企业超低排放改造的公众监督作用，中国钢铁工业协会建立了“回头看”闭环机制和公示企业清单动态调整机制。针对在公示申请评审期间或公示后违反《意见》及《通知》要求、无法稳定达到超低排放的企业，制定了“中止申报”或“撤销公示”的相关规定。其中，涉及重大违法、违规行为的企业，一年内不得申请超低排放评估监测进展情况公示；已公示的企业将被撤销公示资格，且一年内不得再次申请。不符合超低排放改造相关文件要求的企业，不得申请公示；已公示但被各级生态环境部门发现无法稳定达到超低排放指标要求的企业，将被撤销公示并向社会通报，且自撤销公示之日起半年内不得再次申请公示。同时，根据撤销公示情况，及时动态调整公示企业清单（图 2-5）。这一机制明确了超低排放公示并非“一劳永逸”，也并非终点，而是对钢铁企业持续改进的长期要求。

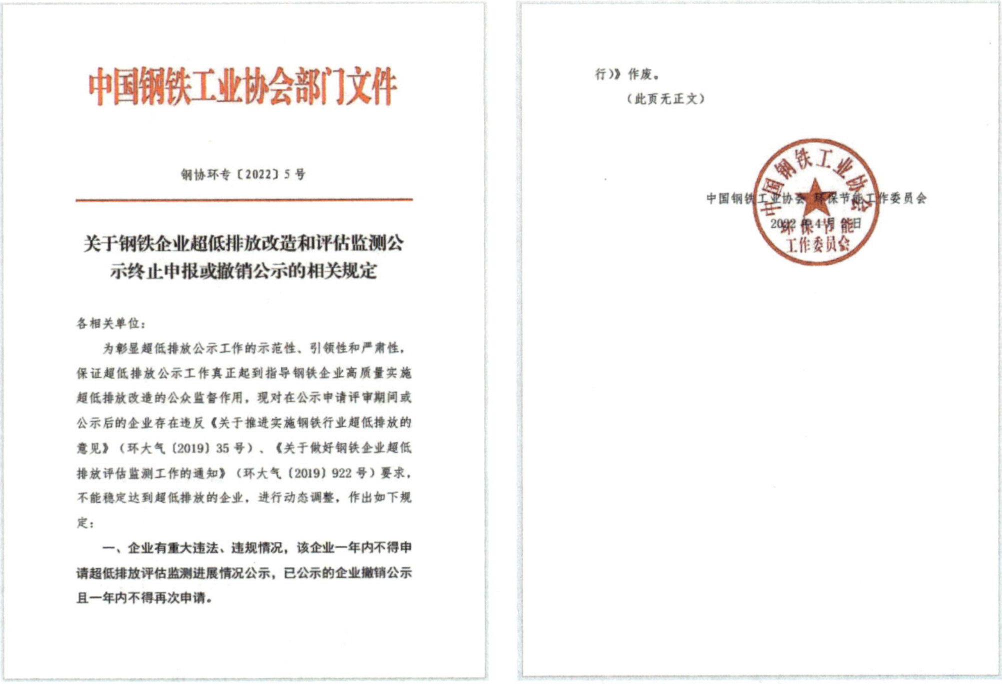
中国钢铁工业协会部门文件

钢协环专〔2022〕5号

关于钢铁企业超低排放改造和评估监测公示终止申报或撤销公示的相关规定

各相关单位：

为彰显超低排放公示工作的示范性、引领性和严肃性，保证超低排放公示工作真正起到指导钢铁企业高质量实施超低排放改造的公众监督作用，现对在公示申请评审期间或公示后的企业存在违反《关于推进实施钢铁行业超低排放的意见》（环大气〔2019〕35号）、《关于做好钢铁企业超低排放评估监测工作的通知》（环大气〔2019〕922号）要求，不能稳定达到超低排放的企业，进行动态调整，作出如下规定：

一、企业有重大违法、违规情况，该企业一年内不得申请超低排放评估监测进展情况公示，已公示的企业撤销公示且一年内不得再次申请。

行）》作废。

（此页无正文）

中国钢铁工业协会环保节能工作委员会

2022年4月[illegible]日

图 2-5 中国钢铁工业协会关于中止申报或撤销公示的相关文件

2.3.3 各地创新差异化管理措施

为激发企业升级改造的积极性，营造良性竞争的良好氛围，促进行业健康发展，生态环境部创新管理思路，指导各地根据实际情况实施差异化管控措施，全面推进钢铁行业超低排放改造。

2.3.3.1 重点省份出台超低排放标准

为深入推进钢铁行业超低排放改造，强化执法依据，天津、河北、山东、山西、河南等五省市率先制定并实施了钢铁行业超低排放地方标准，将超低排放相关要求纳入强制性标准体系，为行业改造提供了明确的规范依据（图 2-6）。

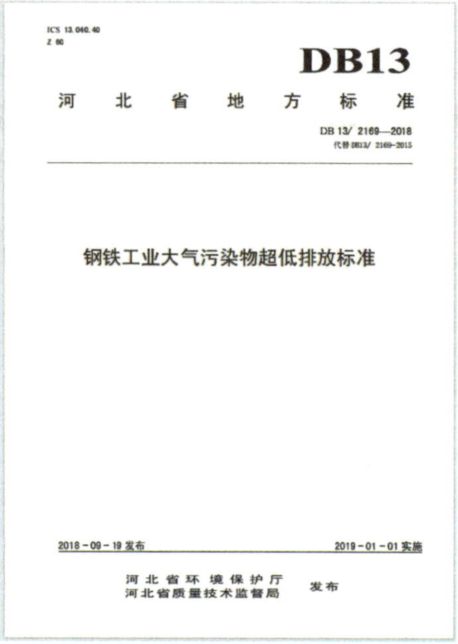

ICS 13.040.40
Z 60

DB13

河 北 省 地 方 标 准

DB 13/ 2169—2018
代替 DB13/ 2169—2015

钢铁工业大气污染物超低排放标准

2018-09-19 发布　2019-01-01 实施

河北省环境保护厅
河北省质量技术监督局　发布

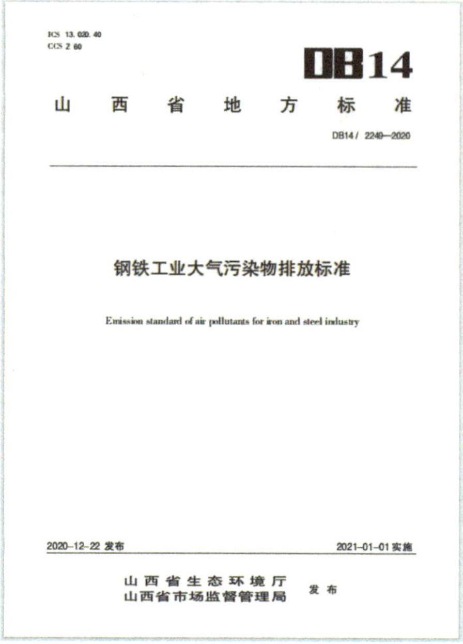

ICS 13.020.40
CCS Z 60

DB14

山 西 省 地 方 标 准

DB14/ 2249—2020

钢铁工业大气污染物排放标准

Emission standard of air pollutants for iron and steel industry

2020-12-22 发布　2021-01-01 实施

山西省生态环境厅
山西省市场监督管理局　发布

图 2-6　部分省份钢铁行业超低排放标准

2.3.3.2　重点区域实施差异化管理

A　差别电价

为加快推进钢铁行业超低排放改造，河北、河南、山东、山西、江苏、浙江等重点区域的 6 省生态环境厅联合省发展改革委，共同出台了差异化电价政策文件，对未完成超低排放改造的企业实施用电加价政策。

以江苏省为例，该省制定了分阶段用电加价政策（表 2-1 和图 2-7）。对于 2021 年未完成有组织、无组织和清洁运输改造的钢铁企业，电价分别加价 0.01 元/千瓦时、0.005 元/千瓦时、0.003 元/千瓦时。加价标准逐年递增，2022 年分别加价 0.015 元/千瓦时、0.01 元/千瓦时、0.005 元/千瓦时；2023—2025 年分别加价 0.02 元/千瓦时、0.015 元/千瓦时、0.01 元/千瓦时。在实施流程上，省生态环境厅根据企业改造情况，确定执行差别化电价的企业名单，并函告省发展改革委。省发展改革委会同省生态环境厅联合发布企业名单及加价标准，并通知省电力公司，次月起正式执行差别化电价。省电力公司按照要求对钢铁企业收取加价电费，并及时足额上缴财政专户。完成全流程超低排放改造的企业，可向省生态环境厅提交停止执行差别化电价的申请。省生态环境厅将名单函告省发展改革委，双方联合下发停止执行文件，并通知电力公司，次月起停止执行差别化电价。

表 2-1　江苏省差别化电价政策　（元/千瓦时）

执行时间	款项	有组织未完成	无组织未完成	清洁运输未完成
2021 年	电价	0.01	0.005	0.003
2022 年		0.015	0.01	0.005
2023—2025 年		0.02	0.015	0.01

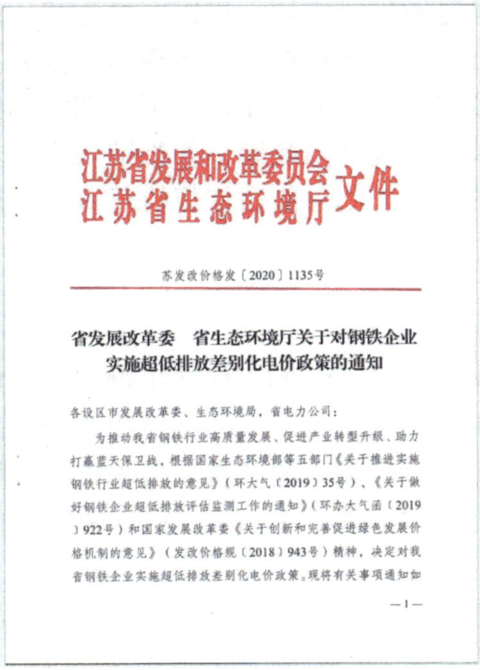
江苏省发展和改革委员会
江苏省生态环境厅
文件

苏发改价格发〔2020〕1135号

省发展改革委　省生态环境厅关于对钢铁企业实施超低排放差别化电价政策的通知

各设区市发展改革委、生态环境局，省电力公司：

为推动我省钢铁行业高质量发展、促进产业转型升级、助力打赢蓝天保卫战，根据国家生态环境部等五部门《关于推进实施钢铁行业超低排放的意见》（环大气〔2019〕35号）、《关于做好钢铁企业超低排放评估监测工作的通知》（环办大气函〔2019〕922号）和国家发展改革委《关于创新和完善促进绿色发展价格机制的意见》（发改价格规〔2018〕943号）精神，决定对我省钢铁企业实施超低排放差别化电价政策。现将有关事项通知如

—1—

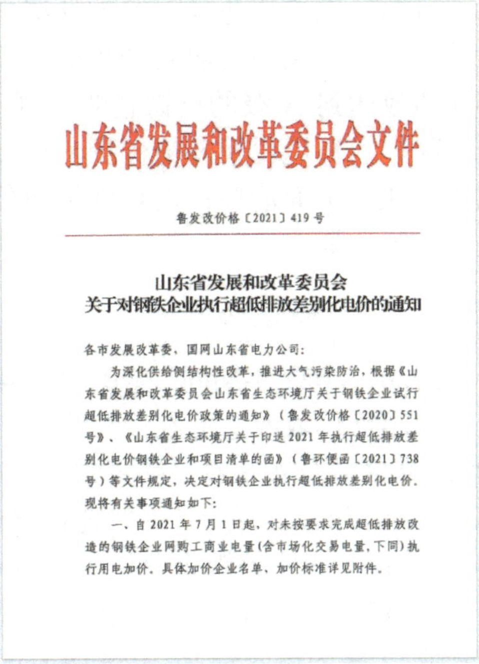
山东省发展和改革委员会文件

鲁发改价格〔2021〕419 号

山东省发展和改革委员会
关于对钢铁企业执行超低排放差别化电价的通知

各市发展改革委、国网山东省电力公司：

为深化供给侧结构性改革，推进大气污染防治，根据《山东省发展和改革委员会山东省生态环境厅关于钢铁企业试行超低排放差别化电价政策的通知》（鲁发改价格〔2020〕551号》、《山东省生态环境厅关于印送 2021 年执行超低排放差别化电价钢铁企业和项目清单的函》（鲁环便函〔2021〕738号）等文件规定，决定对钢铁企业执行超低排放差别化电价，现将有关事项通知如下：

一、自 2021 年 7 月 1 日起，对未按要求完成超低排放改造的钢铁企业网购工商业电量(含市场化交易电量，下同)执行用电加价，具体加价企业名单、加价标准详见附件。

图 2-7　部分省份差别化电价相关文件

B　绩效评级

为激励“先进”，鞭策“后进”，2019 年生态环境部发布了《关于加强重污染天气应对夯实应急减排措施的指导意见》，首次提出将重污染天气应急减排措施与企业环保绩效挂钩，实施绩效分级差异化管控，并明确了包括钢铁行业在内的 31 个重点行业的绩效分级指标。其中，达到国家标杆和省级标杆的最优企业可减免相应减排措施。

2020—2021 年，生态环境部相继印发《重污染天气重点行业应急减排措施制定技术指南（2020 年修订版）》《关于进一步规范重污染天气应急减排措施的函》，将重点行业扩展到 39 个，并从装备水平、污染治理水平、监测监控等方面对企业进行环保绩效评级。其中，长流程钢铁企业从优到

劣被划分为 A、B、B–、C、D 五个等级，并明确“达到超低排放改造相关要求的钢铁企业，经中国钢铁工业协会公示后，可开展 A、B 级绩效评定工作，确定相应的应急减排措施”。2022 年，中共河北省委办公厅、河北省人民政府办公厅印发《全省钢铁企业环保绩效全面创 A 工作方案》，提出在已完成 12 家钢铁企业创 A 的基础上，力争用 3 年时间实现河北省钢铁企业全面创 A 的目标。

目前，钢铁企业环保绩效评级成果已被广泛应用于粗钢产量压减、税收政策、重污染天气应对和采暖季重点区域生产调控等。实现超低排放且环保绩效达到 A 级的钢铁企业，可享受产量不压减、重污染天气期间不停产不限产、环境税及环境保护专用设备购置税优惠政策，并被纳入生态环境监督执法正面清单；而环保绩效低的企业，则需依法依规执行重污染应急减排等政策。

2.3.4 阶段推进成果

2020—2022 年期间，全国共有 40 家钢铁企业、2.01 亿吨粗钢产能完成全流程超低排放改造并在中国钢铁工业协会网站公示，约占全国总产能的 18%。从区域分布来看，京津冀及周边地区、汾渭平原和长三角等重点区域起步较早。重点区域有 1.9 亿吨粗钢产能完成改造，占已完成改造总产能的 95.6%，仅有 1 家钢铁企业位于非重点区域。从企业类型看，长流程钢铁企业改造进展较快。在 40 家完成全流程改造的企业中，仅有 2 家为电炉短流程企业，1 家为球团企业，其余均为长流程钢铁企业，其产能占比高达 98.5%（图 2-8 和图 2-9）。

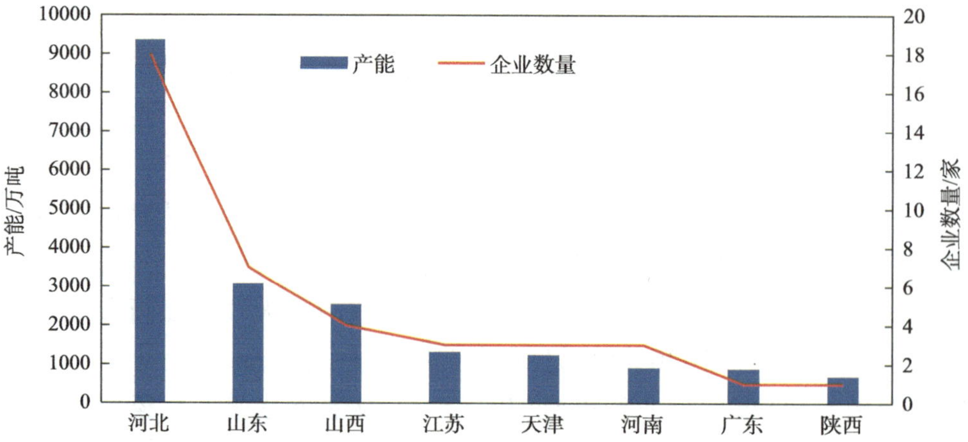

图 2-8　2020—2022 年完成全流程改造产能各省分布

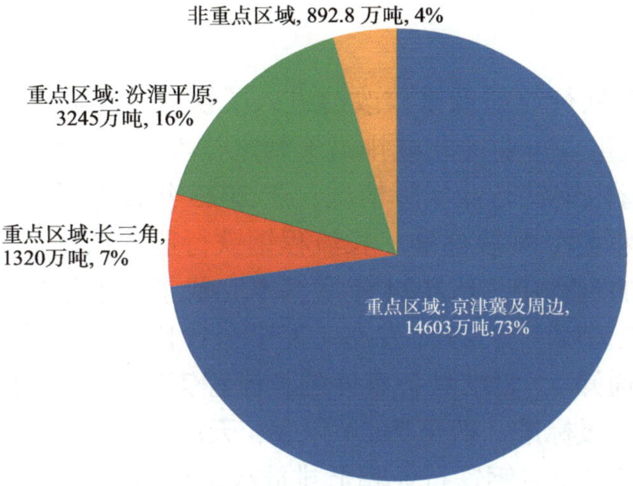

图 2-9　2020—2022 年完成全流程改造产能区域分布

2.4　全面实施阶段（2023—2025 年）

2023 年，钢铁行业超低排放改造进入全面实施阶段，在国家政策的强力推动下，重点区域改造工作加速收尾，非重点区域改造进度显著提升，全行业超低排放改造实现跨越式发展。

2.4.1　国家持续强力推动

党中央和国务院高度重视钢铁超低排放改造工作，党和国家领导人多次作出重要指示。2023 年 7 月，习近平总书记在全国生态环境保护大会上明确提出，要高质量推进钢铁、水泥、焦化等行业超低排放改造，持续降低重点行业污染排放；2024 年 9 月，在全面推动黄河流域生态保护和高质量发展座谈会上再次强调，要强化大气污染综合治理，加快重点行业超低排放改造。

2023 年发布的《国务院关于印发〈空气质量持续改善行动计划〉的通知》及 2024 年出台的《中共中央　国务院关于全面推进美丽中国建设的意见》，均明确要求“高质量推进钢铁、水泥、焦化等重点行业及燃煤锅炉超低排放改造”。在《2024 年政府工作报告》中，回顾 2023 年大气污染防治工作时，特别强调了“推动重点行业超低排放改造”的成果，并提出要深入实施空气质量持续改善行动计划。

2.4.2 重点区域加快收尾

重点区域钢铁行业超低排放改造进入了快速收尾阶段。其中，河北省在《重污染天气重点行业应急减排措施制定技术指南（2020年修订版）》的基础上，结合省内钢铁行业实际情况，于2023年发布了更为严格的《河北省重点行业环保绩效A级标准　长流程钢铁行业（试行）》，并在推进钢铁行业全面创A的过程中，于2024年底基本完成了全省钢铁行业的超低排放改造。山东省工信厅于2023年发布《关于全省长流程钢铁企业环保绩效全面创A工作的通知》，要求具备条件的长流程钢铁企业在2023年底前全部达到环保绩效A级标准。截至2024年底，天津、河北、上海、江苏、山东等重点区域已基本完成钢铁行业超低排放改造任务。

为进一步推动钢铁行业超低排放改造及稳定运行，促进环境空气质量持续改善，江苏省酝酿出台钢铁行业超低排放标准，以进一步巩固和深化超低排放改造成果。

2.4.3 非重点区域明显提速

非重点地区钢铁企业超低排放改造明显提速。广东、广西、云南、福建、内蒙古、辽宁、黑龙江、吉林、贵州、四川等几乎所有涉钢省（自治区、直辖市）人民政府发布的《空气质量持续改善行动方案》均明确提出，到2025年钢铁行业全部或80%以上产能完成超低排放改造。其中，广东省文件特别强调，可根据企业超低排放改造完成情况实行粗钢产量调控。此外，辽宁在2025年4月1日发布钢铁行业超低排放地方标准，自2025年10月1日起实施，江西等多地正在研究制定超低排放地方标准。辽宁省生态环境厅还印发了《辽宁省重点行业环保绩效A级标准　钢铁行业（长流程、短流程）》，旨在通过差异化管控措施加速推进超低排放改造进程。

2.4.4 阶段推进成果

2.4.4.1 阶段进展

2023—2024年期间，全国共有95家钢铁企业、3.69亿吨粗钢产能完成全流程超低排放改造并在中国钢铁工业协会网站公示，约占全国总产能的34%。

从区域分布来看，京津冀及周边地区、汾渭平原和长三角等重点区域依然占据主导地位，但非重点地区的改造显著加快，其已完成改造的产能占全国总产能的比例已提升至 18%。从企业类型看，长流程钢铁企业仍是改造的主力军，但短流程企业的改造速度也明显加快，在 95 家完成全流程改造的企业中，14 家为电炉短流程企业，其产能占比提升至 4%（图 2-10 和图 2-11）。

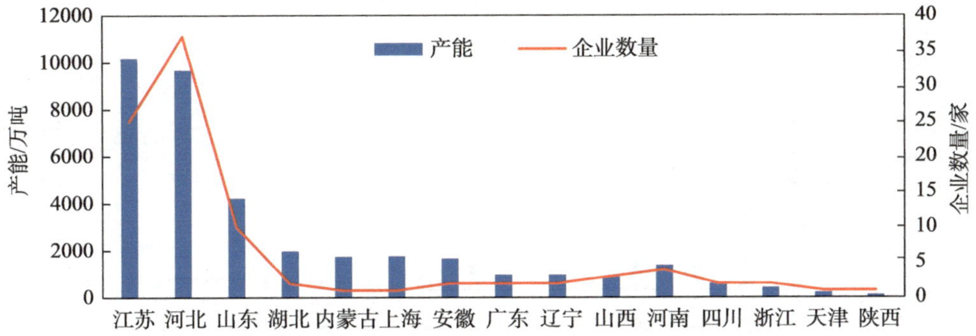

图 2-10 2023—2024 年完成全流程改造产能各省分布

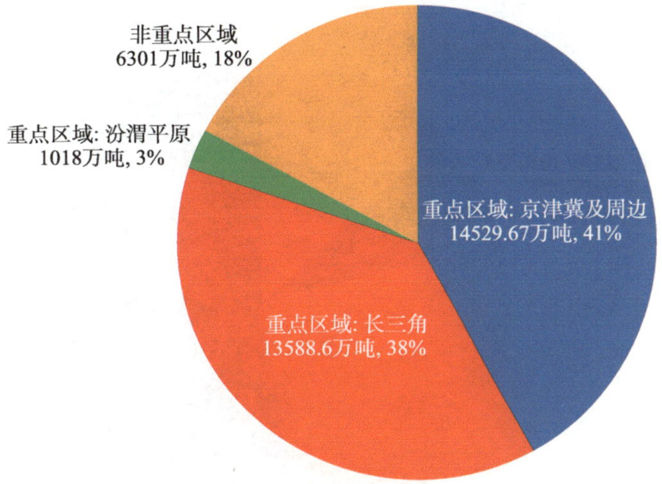

图 2-11 2023—2024 年完成全流程改造产能区域分布

2.4.4.2 累计进展

截至 2024 年 12 月 31 日，共有 169 家钢铁企业（包括一家球团企业）完成或完成部分环节超低排放改造和评估监测。其中，125 家企业全过程完成超低排放改造，涉及粗钢产能约 5.50 亿吨，约占全国总产能的 50%；44 家钢铁企业 1.63 亿吨粗钢产能完成部分环节超低排放改造（与两阶段加和不同是由于存在部分企业被撤销重新公示、部分企业产能置换或新建设备补充公示等情况）。另外还有 3.8 亿吨产能已完成超低排放重点工程的改造

（图 2-12 和图 2-13）。据测算，全国钢企超低排放改造累计投资额已超过 2600 亿元，吨钢超低排放改造投资约 475 元，吨钢平均环保运行成本约为 224 元。

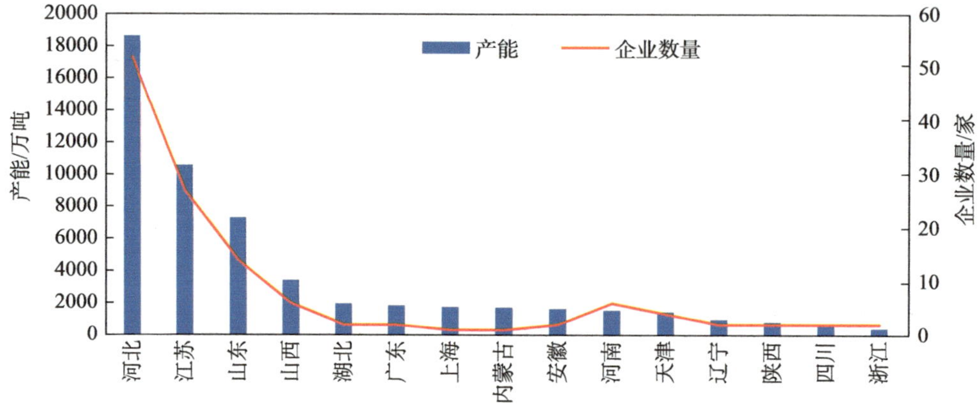

图 2-12　全国累计完成全流程改造产能各省分布

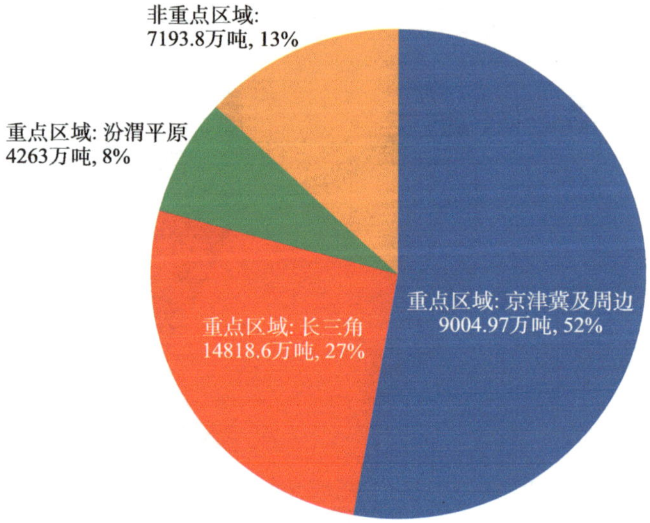

图 2-13　全国累计完成全流程改造产能区域分布

第3章

成　　效

3.1　钢铁企业污染治理水平显著提升

3.1.1　污染管控水平大幅提升

自2019年超低排放政策发布以来，全行业污染治理水平得到了大幅提升。有组织方面，钢铁企业投入了大量的人力物力进行重点工序提标改造。截至2024年底，钢铁企业基本上都已完成了烧结机脱硝设备的建设或正在实施改造，普遍采用SCR脱硝、活性炭一体化脱硝或两者组合工艺技术，实现了对烧结机头焙烧烟气中氮氧化物的高效脱除，稳定达到超低限值要求后排放。除此之外，通过高炉煤气精脱硫、除尘器提标改造等重点工程建设，大幅降低了常规污染物的排放。

无组织方面，由于其具有排放源数量多、分布散、扬尘大、能耗大、污染严重、物料损耗大等特点，企业根据超低排放要求，从物料储存、物料输送、生产过程等多处环节开展综合治理，建设了新型封闭式环保料场、封闭皮带通廊或密闭管状带式输送机，优化除尘设施治理，成功实现了“用煤不见煤、用矿不见矿、运料不见料”的绿色清洁生产。全部超低企业均建成了无组织排放治理设施集中控制系统，系统集成了从原料至轧钢工序的全部生产运行信号、治理运行信号、环境监测数据、视频监控数据，实现了排放源清单数据管理，重点污染区域视频监控数据管理，全厂重点污染区域的视频数据实时调阅、存储、查询、回放，全厂环境空气质量监测微站数据集中管理及分析，全厂产尘源TSP监测站点数据集中管理及分析，全厂治理设备运行状态数据集中管理及分析，全厂无组织对应生产设备运行状态数据集中管理及分析，全厂无组织排放治理过程数据集中管理及呈现，全厂生产、治理、监控监测数据集中同步展示，真正做到了管控治一体化管理。

清洁运输方面，钢铁企业运输环节污染物排放量占总排放量的 20%。截至目前，达到全流程超低排放的企业厂外大宗物料和产品运输已不再使用国五及以下车辆，正逐步加大新能源车辆的应用，有力地促进了节能环保、新能源汽车等相关产业快速发展，特别是为新能源重型卡车提供了潜力巨大的崭新应用场景。

3.1.2 污染物排放强度大幅下降

从排放指标看，目前中国钢铁超低排放限值属于世界领先。烧结机头烟气在基准含氧量 16%条件下，颗粒物、二氧化硫、氮氧化物排放限值分别为 10 毫克/立方米、35 毫克/立方米、50 毫克/立方米。其他工序颗粒物、二氧化硫、氮氧化物排放限值分别为 10 毫克/立方米、50 毫克/立方米、200 毫克/立方米。上述排放限值不仅仅远低于国家相关标准中 40 毫克/立方米、180 毫克/立方米、300 毫克/立方米的大气污染物特别排放限值，更是达到了国内外现行标准的最严水平，具体对比情况见表 3-1。

表 3-1 国内外排放限值对比情况表 （毫克/立方米）

污染因子	德国	美国	法国	奥地利	中国		
					新建 2012/10/1 起 现有 2015/1/1/起	重点区域特别排放限值	超低排放限值
颗粒物	10	60	100	10	50	40	**10**
二氧化硫	500	90	300	350	200	180	**35**
氮氧化物	100	—	500	350	300	300	**50**

从治污绩效看，中国污染物排放强度呈现逐年下降趋势，已达世界先进水平。根据中国钢铁工业协会统计，重点统计企业重点因子排放强度大幅下降，2018—2023 年吨钢颗粒物、二氧化硫、氮氧化物排放强度分别下降了 51%、57%、51%（图 3-1）。

中国典型企业与 2023 年美国四大钢铁企业的公开污染物排放数据对比见表 3-2 和表 3-3。

可以看出，无论长流程还是短流程，中国钢铁行业污染物排放强度均全面领先国外先进钢铁企业，充分说明了超低排放带来的污染物治理水平

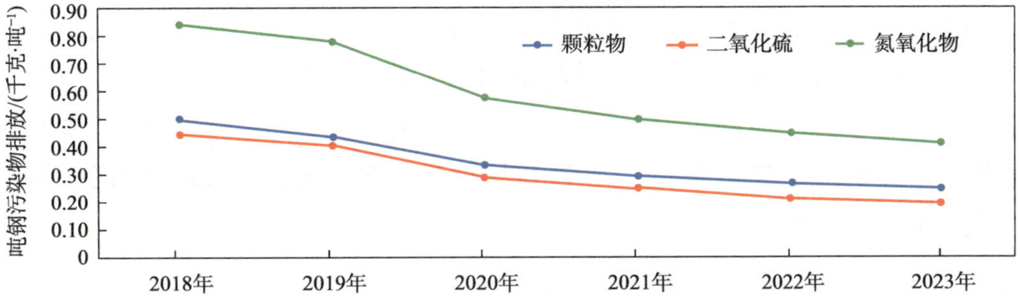

图 3-1　超低实施前后吨钢污染物排放曲线变化情况

表 3-2　2023 年中国钢企与美国钢厂污染物排放绩效对比情况表（长流程）

（千克/吨）

企业		二氧化硫	颗粒物	氮氧化物
美国四大钢厂中两家长流程企业	美国钢铁公司	0.68	1.09	1.70
	克利夫兰克利夫斯公司	1.08	1.80	2.48
中钢协重点统计企业平均		0.19	0.24	0.41

表 3-3　2023 年中国钢企与美国四大钢厂污染物排放绩效对比情况表（短流程）

（千克/吨）

企业		二氧化硫	颗粒物	氮氧化物
美国四大钢厂中两家短流程企业	钢动态公司	0.09811	0.05724	0.14808
	纽柯钢铁	0.10900	0.09081	0.17536
部分典型短流程钢铁企业	徐州金虹	0.0006	0.0193	0.005
	河钢石钢	0.02250	0.06134	0.14633

及管理能力的提升。中国钢铁是世界上最干净的绿钢。

3.1.3　企业厂区面貌焕然一新

随着超低排放改造的推进，钢厂厂区环境已普遍优于厂外和城区，涌现出一大批花园式工厂，钢铁职工的工作生活环境大幅改善、获得感自豪感幸福感增强。部分钢铁企业厂区按照国家或地方工业旅游示范基地的总体定位，将城市钢厂厂容厂貌的历史记忆，植入到该厂区厂容厂貌的提升工作过程中，打造区域性工业旅游示范基地，“让文化永久传承、让记忆活灵活现、让职工爱岗敬业、让市民赞不绝口”。

截至目前，全国4A级工业旅游景区钢厂合计6家，国家3A级工业景区钢厂共计18家，打造了一大批超低排放、具有中国特色的生态花园式绿色工厂。这些钢厂道路整洁、平顺，管廊整齐、美观，厂区与生产车间标识规范，参观节点规范系统，成为独具特色的城市地标、城市记忆、科普教育基地。

3.1.3.1　邢台德龙钢铁文化园

邢台德龙钢铁文化园（图3-2）作为全国首家在产钢企国家AAAA级旅游景区，园区设置有德龙钢铁博物馆、钢铁侠客岛等游览项目，是全国首家集钢铁工业生产、钢铁文化体验、钢铁主题游憩、钢铁研学课堂于一体的综合性主题文化园区，拥有国内最大的钢铁金刚园，园内陈列各类均由德龙公司员工自己设计，用废旧汽车零件、废旧钢材制作而成的变形金刚、四大金刚等金刚210个，集攀岩等娱乐设施于一体。

图3-2　邢台德龙钢铁文化园实景

3.1.3.2　鞍钢博物馆

鞍钢博物馆（图3-3）是反映新中国钢铁工业发展历程和“共和国钢铁工业的长子”鞍钢发展奋斗之路的红色工业博物馆，成为传承鞍钢红色基因、开展爱国主义教育的重要阵地和传播鞍钢红色文化的精神地标，已获评全国爱国主义教育示范基地、国家AAAA级旅游景区、全国中小学生研学实践教育基地、全国科普教育基地、中央企业爱国主义教育基地、中央企业工业文化遗产（钢铁行业）基地、全国关心下一代党史国史教育基地、全国首批“大思政课”实践教学基地等荣誉称号。

图 3-3 鞍钢博物馆实景

3.1.3.3 南京市梅钢工业文化旅游区

梅钢工业文化旅游区（图 3-4）包括梅钢厂史陈列馆爱国主义教育科普、钢铁文化科普长廊等场馆，2023 年 12 月，获评国家 4A 级工业旅游景区。梅钢工业文化旅游区特别注重对钢铁文化、工业精神的展示、传播和弘扬，坚持以文塑旅、以旅彰文，推进文化和旅游深度融合发展；坚持产城融合、开放共享，把“工业锈带”打造成为“生活秀带”，推动工业文化在服务全民爱国主义教育、满足和引领人民群众文化需要、增强人民精神力量方面发挥积极作用，详见下图。此外，宝钢工业创享园于 2023 年末开园，拥有 21 平方公里的超大面积、4A 级景区级别的景观条件。既是世界先进的全流程特大型钢铁生产基地，更是一座现代花园式的城市钢厂。

图 3-4 梅钢工业文化旅游区实景

3.1.3.4 方大特钢工业旅游景区

方大特钢工业旅游景区（图 3-5）是国内第三家、江西省第一家获批国家 4A 级旅游景区的钢铁企业。方大特钢工业旅游景区是集观光、研学旅行、钢铁文化展示于一体的旅游景点，拥有“一馆、二中心、三园、四工艺、五种体验区”的旅游模式，包括企业文化展示馆、游客中心、智慧管控中心、工匠园、樱花园、钢铁文化园，炼焦、炼铁、炼钢、轧材四道生产工艺，文化展示区、观光旅游区、休闲娱乐区、实地体验区、研学主题区等，是江西省工业旅游示范基地。

图 3-5　方大特钢工业旅游景区实景

3.1.3.5　陕西龙门钢铁景区

龙门钢铁景区（图 3-6）是龙钢公司新时代高质量发展与绿色环保发展的产物，是龙钢公司在“科技创新、绿色环保、开放共享”的健康发展体系下，以“钢铁是这样炼成的”为主题，以龙钢厚重的发展历史为主线创建的集文化历史、生产工艺、产品展示、科普研学和唱响新时代“工人伟大，劳动光荣”主旋律为一体的特色工业旅游景区。2020 年 12 月 31 日，陕西省文化和旅游厅发布公告，宣布龙门钢铁景区正式跻身国家 4A 级旅游景区行列，成为全国第二家、陕西省首家钢铁行业生产在线的 4A 级旅游景区。

图 3-6　陕西龙门钢铁景区实景

3.1.3.6 福建三钢工业旅游区

福建三钢工业旅游区（图 3-7）由“一园两馆三景区”组成，分别是 1958 工业记忆园、安全教育体验馆、三明市 1958 工业记忆馆、铁水奔流景区（炼铁生产工艺）、钢花璀璨景区（炼钢生产工艺）、轧机欢畅景区（圆棒生产线、中板生产线）。景区创建以来，先后获评国家 4A 级旅游景区、国家工业旅游示范基地、省级智慧旅游景区、福建省金牌观光工厂等殊荣。

图 3-7 福建三钢工业旅游区实景

3.2 加快推动钢铁行业绿色转型

3.2.1 产业结构优化调整

中国钢铁行业通过超低排放绿色转型升级改造将钢铁产能治理与生态环境保护相结合，环保监管部门充分发挥环保倒逼作用，加大对环境违法违规企业执法监管和处罚力度、将去产能纳入中央生态环境保护督察重点等措施，助力行业供给侧结构性改革取得明显成效。

一是产能布局持续优化，大气污染防治重点区域产量占比下降 4 个百分点，一批钢厂退城搬迁，环首都 20 余家钢铁企业产能转移至运输成本更低的沿海地区。河北省保定、廊坊、张家口成为“无钢市”。山东省位于京津冀及周边“2+26”城市的 10 家长链条钢铁产能全部整合搬迁到沿海钢铁生产基地。

二是钢铁产业集中度大幅提升，在全国粗钢产量增加 25%的同时，企业数量减少 29%，平均规模提升 52%；京津冀及周边企业数量减少一半，平均规模提升 90%。

三是装备水平显著提高，全国烧结（球团）、炼铁先进工艺装备产能占比分别提高 20、9 个百分点，京津冀及周边分别提高 34、22 个百分点。河北省正在积极推动 1000 立方米以下高炉和 100 吨以下转炉升级改造。

3.2.2 行业清洁运输转型

《意见》首次将清洁运输纳入指标要求，进一步加快了钢铁企业清洁运输转型的步伐。钢铁物流随着《打赢蓝天保卫战三年行动计划》《推进运输结构调整三年行动计划（2018—2020 年）》《柴油货车污染治理攻坚战行动计划》等一系列政策的公布与执行，钢铁企业积极推进物流环节精细化管控，在交通运输基础设施建设及运输结构调整、低效能运输工具有序淘汰、节能低碳型交通工具应用等方面取得长足进步。

通过积极推进超低排放清洁运输环节改造，钢铁企业对外运输基础设施建设及运输结构得到明显优化提升。据不完全统计，钢铁行业大宗物料铁路和水路运输比例提升 8 个百分点；年对外运输量达 150 万吨以上的钢铁企业铁路专用线连接率由过去不足 15%，增加至 31%；重点区域钢铁企业超低排放公示企业清洁运输比例由过去平均不足 30%，增加至 50%以上。钢铁企业运输基础设施建设及运输结构的调整，为企业中长距离运输的合理性创造了前提条件、为降低运输过程中污染物及温室气体的排放做出了较大贡献。

3.3 有力支撑打赢蓝天保卫战

3.3.1 钢铁产能集中区域空气质量明显改善

超低排放改造有力促进了钢铁产能集中区域空气质量改善。2024 年全国钢铁产能集中的 10 个城市 $PM_{2.5}$ 浓度较 2018 年平均下降 25.6%，产能最集中的唐山、邯郸 $PM_{2.5}$ 平均浓度分别下降 37%、31%。空气质量排名后十位城市中，粗钢产能排名前十的城市从 2018 年的 6 个减少到 1 个。与超低排放改造前的 2018 年相比，钢铁产能最大的河北省 2024 年 $PM_{2.5}$ 浓度 37.8 毫克/立方米，下降 33%，空气质量“后十”城市从 2018 年的 5 个到现在连续三年全部“清零”（图 3-8）。产能最大的民营钢铁企业沙钢集团所在的张家港市锦丰镇，超低排放改造前后 $PM_{2.5}$ 平均浓度降幅达 16.1%，降幅全市最高，$PM_{2.5}$ 绝对浓度全市最低（图 3-9）。

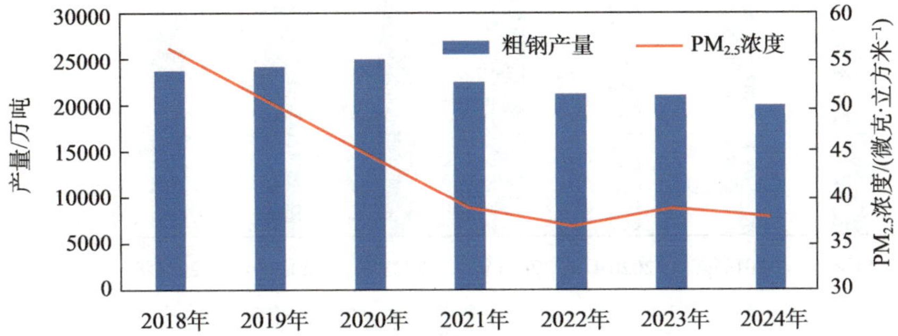

图 3-8　河北省粗钢产量及 $PM_{2.5}$ 平均浓度变化趋势

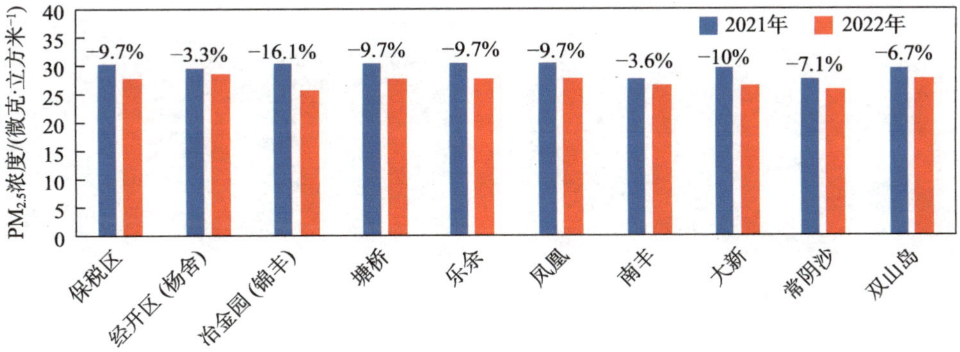

图 3-9　沙钢完成超低排放改造前后所在地 $PM_{2.5}$ 浓度变化情况

3.3.2　区域改善带动全国空气质量持续向好

区域空气质量改善带动了我国环境空气质量整体提升。与超低排放改造前的 2018 相比，2024 年全国 $PM_{2.5}$ 浓度 29.3 微克/立方米，下降 25%，优良天数比例 87.2%，上升 10%，重污染天数比例 0.9%，下降 59 个百分点（图 3-10）。京津冀及周边地区、长三角地区、汾渭平原 $PM_{2.5}$ 平均浓度分别较 2018 年下降 30%、25%、32%。“北京蓝”“冬奥蓝”“峰会蓝”逐渐成为常态，被联合国环境规划署誉为“北京奇迹”。美国彭博社报道芝加哥大学的一项研究结果表明，“中国在 7 年间减少的空气污染与美国在 30 年间减少的空气污染相当”。空气质量持续改善使人民群众健康得到有力保障，幸福感显著增加（图 3-11）。

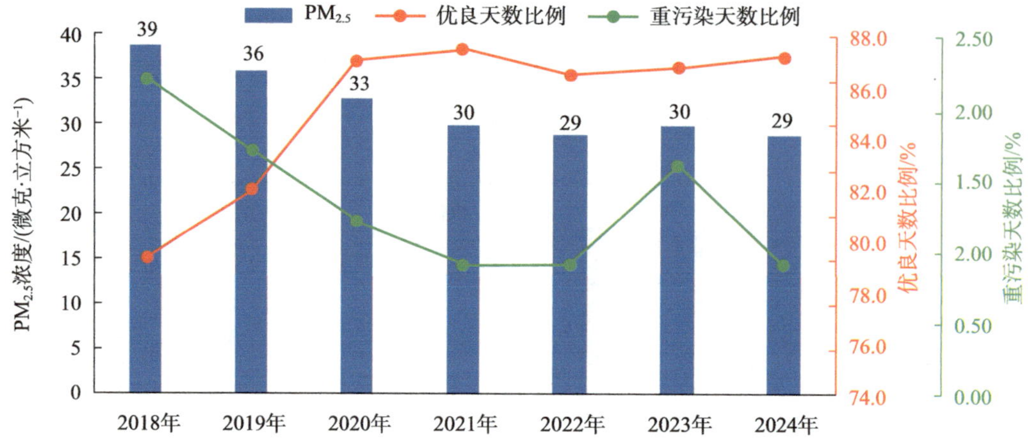

图 3-10　2018—2024 年我国空气质量变化情况

图 3-11　重点区域环境空气质量明显改善（安阳市）

3.4　带动环保技术创新和相关产业快速发展

3.4.1　超低排放技术开发和应用

实施超低排放改造以来，钢铁企业和相关科研单位积极开展技术攻关，开发出活性焦脱硫脱硝一体化、高炉煤气精脱硫、无组织排放管控一体化等一系列自主知识产权技术，推动了钢铁行业环保技术的创新升级。

3.4.1.1　高炉煤气精脱硫源头减排关键技术

高炉煤气中的硫主要来源于焦炭和煤粉，其中焦炭占比较大。高炉煤气可从源头控制含硫量，一般建议焦炭含硫率小于 0.6%，煤粉含硫率小于 0.4%。同时，在超低排放推行的几年间，行业中涌现了多种煤气精脱硫工艺，旨在将煤气中的有机硫催化转化为无机硫后进行脱除，目前主要有以下几种可行工艺路线：

（1）水解+干法吸收工艺（图 3-12）。目前钢铁行业已建成或正在实施的羰基硫水解工艺，布置于 TRT 或 BPRT 之前，经过煤气预处理装置，在水解催化剂的作用下，有机硫转化为硫化氢，然后利用氧化铁或活性炭等吸附剂吸附硫化氢进行脱除。系统压损小于 10 千帕，装置投资建设成本相对较低，对高炉 TRT/BPRT 煤气发电的影响尽可能降至最低。

图 3-12 水解+干法吸收工艺示范项目

（2）水解+湿法吸收工艺（图 3-13）。同样先通过水解反应将有机硫转化为硫化氢，再采用氢氧化钠等碱液吸收硫化氢。优势是设备、管线等工艺装置投资建设成本低，不过存在脱硫效果一般、脱硫废液需专项处理等问题。

图 3-13 水解+湿法吸收工艺示范项目

（3）水解+湿法（氧化）吸收工艺。水解反应生成硫化氢后，利用湿式氧化法将硫化氢转化为硫磺，可选择合适的催化剂和氧化剂加速反应进程。该工艺脱硫效率较高，能处理高硫含量煤气，可实现硫的回收利用，但工艺流程相对复杂，投资和运行成本较高。

3.4.1.2 烧结机头烟气布袋除尘技术

烧结机头袋式除尘工艺技术作为近年来钢铁行业超低排放改造过程中涌现出来的先进除尘技术，可实现对烧结机头焙烧烟气中颗粒物的高效截留，从而将热风烧结过程中产生的颗粒物高效处理后进入后续机头烟气脱硫脱硝系统（图 3-14）。当前行业中普遍采用机头静电除尘，占比 99%以上。虽然参照钢铁排污许可可行技术与超低排放技术要求，已公示企业已完成四电场甚至多电场的技术改造，但随着企业实际运行中对脱硫脱硝装置的精益化管理与环保降本要求，传统静电除尘随运行时长增加，极板极线积灰与荷电能力的下降，导致静电除尘出口颗粒物排放浓度增加，特别是碱金属粉尘的带入，影响后续脱硫脱硝设施的处理效率与设备使用寿命，因此为本技术的涌现提供了客观需求。机头布袋除尘技术的升级改造，采用垂直进风与火星捕集装置，确保除尘系统安全可靠的同时，将传统静电除尘设计出口颗粒物排放浓度的 50 毫克/立方米改善至当前袋式除尘出口的 10 毫克/立方米，工艺除尘器烟粉尘脱除效果有了较为明显的提升。当前新余钢铁、山钢莱钢、广西盛隆冶金等企业应用烧结机头袋式除尘技术，且达到稳定运行一年以上的时间要求。此工艺的研发投运解决了火星捕集、粗颗粒预除尘和结构抗高负压的问题，且避免了传统机头静电除尘器运行

图 3-14　烧结机头袋式除尘器现场

过程中的荷电能力降低、颗粒物排放浓度波动大等现实问题，可保证烟气中颗粒物排放浓度≤10 毫克/立方米，净化效率≥99.5%，系统阻力 800~1000 帕，运行能耗下降 30%以上，节约占地大于 20%。

3.4.1.3　烧结机头烟气活性炭/焦脱硫脱硝一体化

采用活性炭/焦一体化脱硫脱硝工艺技术，实现对烧结机头焙烧烟气中二氧化硫和氮氧化物的协同高效脱除，从而稳定达到超低限值要求后排放（图 3-15）。多年的运行效果显示，经过规范设计的活性炭/焦一体化脱硫脱硝项目达标能力均尚可，只是仍需关注氨逃逸、可凝结颗粒物、制酸系统腐蚀和跑冒滴漏的次生污染问题。对于《意见》出台前设计建设的活性炭/焦项目，由于设计处理能力不足，导致氮氧化物的脱除不够及过量喷氨后的氨逃逸，这些问题都在部分企业出现过。从河北、山西、河南等地已完成超低改造企业的案例来看，活性炭/焦多级串联与活性炭/焦增设 SCR 联合工艺成为解决此问题的可行路径。截至目前，应用活性炭/焦串接 SCR 或多级活性炭/焦串联技术可达到更优的脱除效果与达标排放水平。目前采用该技术的企业占比近 2%，企业根据地方限值要求选择性地开启相应设施，兼顾达标能力与运行成本。

错流式

逆流式

图 3-15　烧结机头活性炭/焦脱硫脱硝现场

3.4.1.4　无组织排放管控一体化系统技术

根据《意见》要求，针对钢铁行业无组织排放特征及管控难点，将图像智能识别技术首次应用于钢铁生产颗粒物无组织排放控制，并高效应用了生物纳膜、超细雾炮、双流体干雾等抑尘技术装备。同时，运用大数据、模型优化算法、机器学习自适应算法等信息技术建设了钢铁生产无组织管控一体化平台，在首钢迁钢开展了工程示范应用，全面达到国家超低排放无组织改造要求，实现生产工况状态、无组织控制措施运行情况与监控数据的实时联动，企业利用智能化监控监管手段实现效果自证。目前国内百余家钢企完成了平台项目建设，保证了无组织超低排放长期科学管控。无组织排放管控一体化平台系统组成见图 3-16。

图 3-16　无组织排放管控治一体化系统组成

（1）物料存储管控治一体化系统技术。通过物料存储区域无组织排放源及时精准地系统化治理，有效减少物料存储无组织源头排放。主要包含车辆污染行为识别和粉尘烟羽特征图像视觉识别技术、先进超细雾炮或干雾抑尘装置、高精定位技术、高效精准超细雾降尘技术等。

（2）物料运输管控治一体化系统技术。通过物料运输环节无组织排放源及时精准地系统化治理，有效减少物料运输无组织源头排放。采用生物纳膜源头抑尘技术减少干态粉状物料受卸料环节的粉尘无组织排放，设置皮带密闭倒料槽确保物料封闭输送，配套负压收尘控制系统将原先皮带通廊内的外逸粉尘全部收集，实现无组织颗粒物的有组织净化后达标外排。

（3）厂区环境管控治一体化系统技术。通过厂区道路环境无组织扬尘源及时精准地系统化治理，有效减少道路扬尘无组织源头排放。通过融合气象数据、省控站数据、厂区内监测微站数据及厂区生产活动数据，采用因子分析技术判断厂区内道路扬尘特征，开发出厂区道路扬尘特征识别技术；通过识别判断厂区道路扬尘特征，结合空间热力分析结果，锁定道路扬尘污染坐标区域，采用优化调度算法，调度环保清洁车辆快速前往精准治理。

（4）系统化应用技术平台建设。应用AI人工智能技术、物联网技术、4G/5G 通信技术、大数据分析技术，开发污染预测模型，建设系统化应用平台，实现数据读取、调用、统计、分析、再生等的闭环管理。

3.4.2 环保及相关产业快速发展

钢铁行业超低排放改造累计带动社会有效投资超过2600亿元，不仅成为中国工业绿色转型的重要里程碑，更培育出以环保技术创新为驱动的绿色新质生产力。在这一进程中，环保产业迎来跨越式发展。随着烧结烟气脱硫脱硝、高炉煤气精脱硫、无组织排放管控等关键技术的广泛应用，市场需求持续扩大，带动了环保工程、监测设备、催化剂及滤料等相关领域的快速增长，进一步推动了环保产业向高端化、专业化方向升级。这一过程中，环保企业通过技术整合与服务延伸，逐步形成覆盖设计、施工、运营的全产业链能力，为中国传统产业绿色低碳转型提供了重要支撑。

随着钢铁企业超低排放工作的有效开展，曾被企业大量采用的柴油重卡及非道路移动机械逐步淘汰。按照《关于推进钢铁行业超低排放实施的意见》规定，对外运输未实现 80%清洁运输方式比例要求的钢铁企业需要采用更加清洁的国六重型卡车或电动重卡、氢燃料电池重卡等车辆；非道路移动机械排放阶段按照地方环保部门的要求执行，多为国三以上排放阶段标准。2019年7月1日，《重型柴油车污染物排放限值及测量方法（中国第六阶段）》正式实施，但由于没有淘汰国六以下车型的强制要求，国六柴油重卡的销量一直不温不火。但随着钢铁超低排放的全面实施，国六柴油重卡的销量明显提升，在汽车消费市场普遍低迷的情况下，2021 年国六柴油重卡销量同比增幅高达176%，继续逆势上涨。同时，新能源重卡的销量也不断攀升，2021年新能源重卡销量10513辆，同比增幅超过220%，氢燃料电池重卡销量更是激增33倍。2024年新能源重卡销售82014辆，全球销量蝉联第一，同比大涨139.4%，增长势头依然迅猛。由此可见，钢铁超低排放改造对重型运输车辆消费具有十分重要的拉动作用，现阶段通过适度加快超低排放改造，可以有效带动国六重卡和新能源重卡的消费，促进稳定经济大盘。

伴随国家“双碳”及环保政策引导，新能源汽车及非道路移动机械技术水平提升、电池成本降低及性能提高，新能源重卡及新能源非道路移动机械进入了快速发展阶段。现阶段新能源重卡及非道路移动机械的性能与钢铁企业对车辆工作的需求场景具有较高的匹配度，包括厂外短距离运输业务、厂内倒运业务、非道路移动机械的装卸搬运业务等，企业及第三方服务机构借钢铁企业超低排放的契机，将原有燃油车辆及机械更换为新能源重卡及新能源非道路移动机械。例如，宝武集团宝山钢铁基地、河钢集团乐亭钢铁基地、荣程钢铁等企业采用氢能燃料的新能源车辆承担外部运输业务；山钢集团日照分公司、包钢股份公司、纵横钢铁公司、津西钢铁公司等均采用纯电新能源车辆承担企业内部倒运及部分外部货运业务，取得了良好效果。

3.5　引领全球钢铁行业向绿而行

中国钢铁行业以巨大的历史责任感和使命感，投入大规模资金开展了一场“绿色革命”，取得了历史性的成就，为世界钢铁工业的绿色低碳转型提供了中国智慧、中国方案。

世界钢铁协会总干事巴松在参观我国超低排放钢铁企业后给予高度评价说：“目前中国钢铁工业已经干净到了没有其他任何一个国家可以做到的程度。”

中国钢铁行业以开放合作的态度通过各个平台和渠道同世界钢铁同行交流超低排放技术，通过国际产能合作将中国钢铁超低排放技术输送到世界各地。印度、越南、印度尼西亚等国家的新建钢厂采用脱硫脱硝和高炉煤气精脱硫等中国超低排放技术，显著降低了污染物排放。中国企业与伊朗、沙特阿拉伯、南非、尼日利亚、塞尔维亚、意大利、俄罗斯、巴西、阿根廷等国家的现有钢厂合作，为其提供超低排放改造服务，包括粉尘治理、废气回收技术等，帮助这些国家的钢铁行业降低环境污染，提升生产效率。中国钢铁超低排放技术为世界钢铁行业的绿色低碳转型和可持续发展提供了重要支持、作出了积极贡献。

第4章

优 秀 案 例

4.1 首 钢 迁 钢

4.1.1 基本情况

首钢股份公司迁安钢铁公司（以下简称“首钢迁钢”）隶属于首钢总公司，位于河北省唐山市东北部迁安市境内。首钢迁钢 2019 年实施超低排放改造，是钢铁行业推荐的超低排放改造试点企业，首钢迁钢公司通过 2 年多投资 20 多亿元进行的超低排放改造，183 个有组织达标排放口涉及到超低排放的 110 个排口各项指标均达到超低排放标准；2551 个无组织排放点都达到集尘收尘、密闭等管控要求。成为首家生态环境部认可的实现钢铁生产全工序超低排放的 A 级企业，为引导行业超低排放改造树立了榜样。在钢铁行业大气污染治理方面，中国成为唯一一个拥有世界上最先进的钢铁全流程超低排放技术体系的国家，2020 年首钢迁钢铁是世界上首家实现全流程超低排放的企业。

4.1.2 亮点特色

作为试点企业，首钢迁钢联合相关研究院所等单位，在对全流程污染物排放特征研究的基础上，按照源头预防、过程管控和末端治理的思路，首创了重点排放源稳定超低排放技术、全流程系统集成超低排放技术、无组织排放管控治一体化技术等（图 4-1）。

一是在严格监测、掌握大量排放数据的基础上，摸索规律、研究特征、开发技术、优化治理，开发了系列的有组织、无组织协同治理技术并工程化应用。

二是提升了烧结和球团脱硫脱硝长期稳定超低排放技术装备水平，将SCR脱硝技术拓展创新应用到球团烟气治理。通过活性炭精料保证、精细运维等措施保证了烧结和球团工序颗粒物<8 毫克/立方米、二氧化硫<25 毫克/

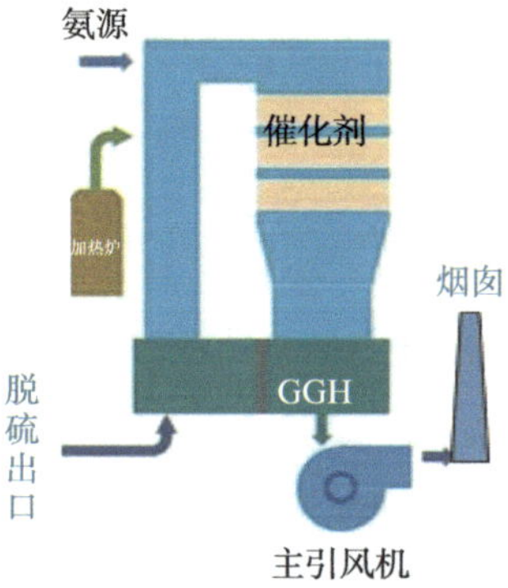

球团SCR脱硝工艺

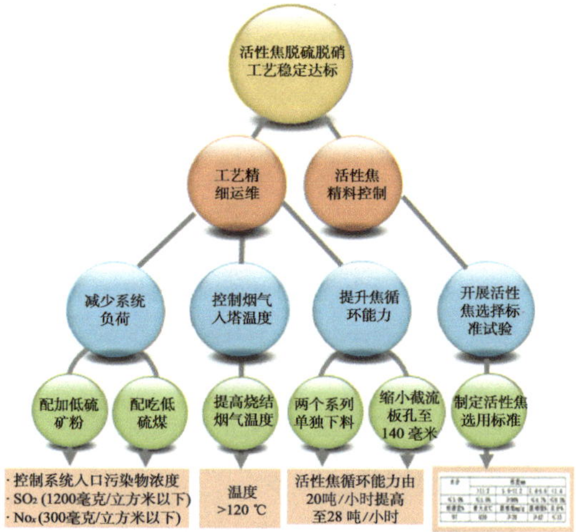

烧结活性焦脱硫脱硝优化技术

连铸机中间包回转台移动式烟尘捕集装置

连铸火焰切割烟尘捕集装置

旋风除尘器

引射器

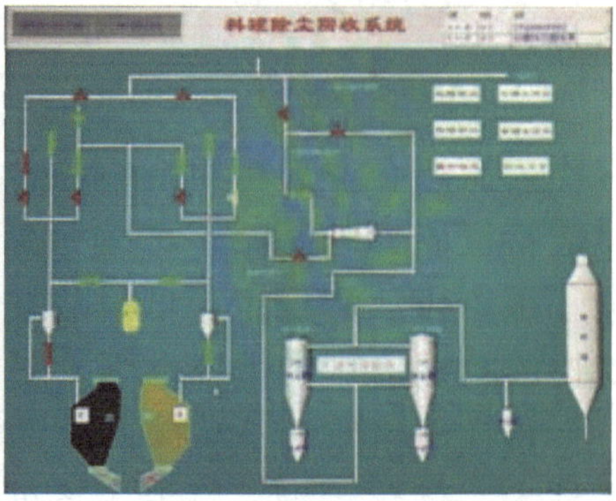
煤气全回收工艺流程图

全量回收高炉放散煤气工艺应用情况

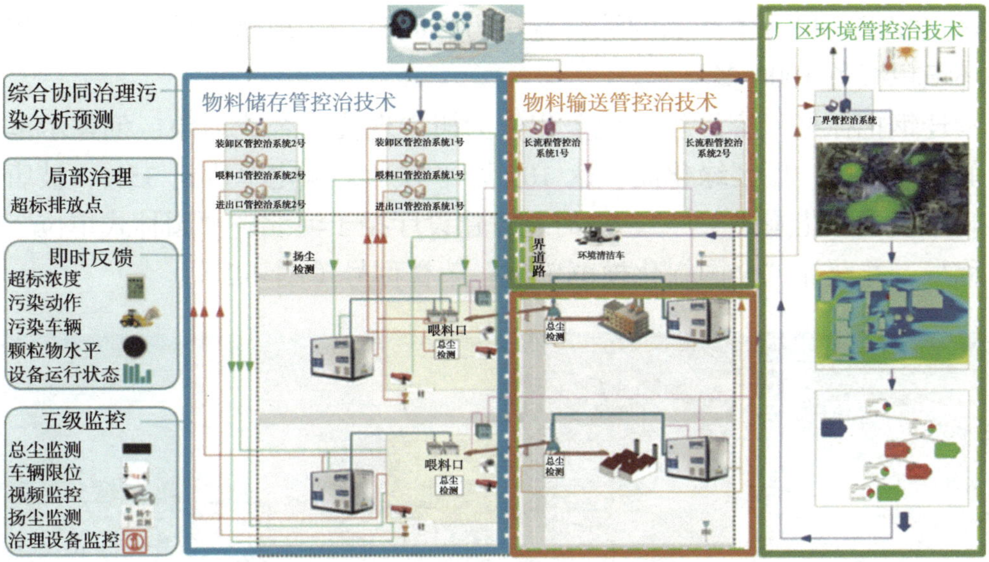

无组织排放管控治一体化系统架构

图 4-1　首钢迁钢全流程超低排放首创技术

立方米、氮氧化物<40 毫克/立方米的优于超低排放技术指标。

三是首次实现了连铸机中间包回转台烟气有效捕集、湿式电除尘器与转炉 OG 除尘技术相结合，开发了高炉煤气均压放散全量回收、一体化控硫等系列清洁生产技术，提升了对钢铁生产超低排放的技术支撑。

四是将图像智能识别技术首次应用于钢铁生产颗粒物无组织排放控制，并高效应用了生物纳膜、超细雾炮、双流体干雾等抑尘技术装备。

五是将大数据、模型优化算法、机器学习自适应算法等信息技术成功应用于钢铁生产无组织管控一体化平台建设，保证了无组织超低排放长期科学管控。

4.1.3　改造成效

首钢迁钢的创新技术为《意见》的落地实施提供了支撑，为钢铁行业稳步推进超低排放起到重要的引领及示范作用。实施超低排放改造后，烧结氮氧化物浓度从原来的 150 毫克/立方米下降到 30 毫克/立方米、二氧化硫从 80 毫克/立方米下降到 20 毫克/立方米、颗粒物从 20 毫克/立方米下降到 5 毫克/立方米左右。

在实现超低排放的基础上，迁钢成为全国首家绩效评级 A 级钢铁企业，在重污染天气期间不停产、不限产，企业生产得以稳定顺行，更好地满足了客户需求，提升了产品的综合竞争力。同时，实现超低排放后，每年获得环境税减免 1000 多万元。

迁钢把抓好厂容厂貌绿化美化作为树立现代化企业形象、创建示范企业的重要举措，厂区绿化面积达 109 万平方米，绿化率达到 35%，被唐山市政府授予“花园式工厂”、被河北省建设厅授予河北省“园林式单位”荣誉称号，并获评“全国绿化模范单位”荣誉称号（图 4-2）。

图 4-2　首钢迁钢厂区环境

4.2　宝钢股份宝山基地

4.2.1　基本情况

宝山基地位于上海市宝山区，是宝钢股份“四大基地”之一，始建于 1978 年 12 月，隶属于中国宝武钢铁集团有限公司，设计年产粗钢生产能力 1770 万吨。宝山基地 2019 年开始实施超低排放改造，2023 年完成公示。企业加强源头控制，严格控制原、燃料含硫率，采用先进的清洁生产和过程控制技术，实现大气污染物的源头削减。焦炉加热采用废气循环技术和分段燃烧技术，装煤采用高压氨水喷射技术、单孔炭化室压力调节技术，2 号烧结机实施了烧结机头烟气和环冷烟气循环回用，3 号烧结机环冷中低温烟气实施了循环回用，烧结环冷机均采用上下水密封技术。高炉热风炉采用了富氧燃烧技术，轧钢加热炉和热处理炉采用了烟气再循环等低氮燃烧及更换低氮烧嘴等技术。同时，通过末端优化改造，确保稳定达到超低排放要求。

4.2.2　亮点特色

4.2.2.1　焦炉煤气精脱硫实现源头减排

为解决焦炉煤气用户稳定实现超低排放的问题，宝钢对焦炉煤气进行了水解法精脱硫改造（图 4-3）。该技术属于焦炉煤气干法脱硫技术，与传统湿法工艺相比，该技术工艺简单，脱硫精度高，特别是能解决湿法对有机硫脱除率低的问题。与干法脱硫的加氢转化法相比，虽然脱硫精度不及后者，但能耗有较大优势。与煤化工所用的煤气水解法脱硫，本技术创新采用了两段式水解工艺，可提升有机硫整体转换效率。

根据取样数据，预吸附塔对 H_2S 具有较强的脱除率（排污液含 8%的硫、大部分被再生气带向电厂）；COS 在水解一段中已得到较好的转化；CS 主要在水解二段中被转化。系统对有机硫的转化率保持在 80%以上，总硫脱除率在 90%以上。轧钢加热炉各烟气排口的 SO_2 浓度显著下降，平均下降了 50%以上，浓度低于 30 毫克/立方米（超低排放限值为 50 毫克/立方米）。

4.2.2.2　率先建设焦炉烟气备用协同治理设施

宝山基地投资 1.5 亿元，在已配置 7 套焦炉烟气净化装置的基础上，新增 1 套最大烟气处理能力 40 万立方米/小时的烟气净化装置，与现有 7 套装置联通，实现“7+1”套装置协同控制，对焦炉烟气进行深度净化，实现焦炉烟气全时段达标排放（图 4-3）。工程采用“逆流法活性炭一体化脱硫脱硝（CCMB）”工艺技术，脱硫脱硝用煤质颗粒活性炭既是脱硫催化剂，又是脱硝催化剂，最终将焦炉烟气中二氧化硫和氮氧化物转变为硫酸产品和无害的氮气。宝山基地是全国焦化行业第一家焦炉烟气全时段超低排达标排放的企业。

焦炉煤气精脱硫

焦炉烟气备用协同治理设施

图 4-3 宝钢股份宝山基地亮点工程

4.2.3 改造成效

与实施超低排放改造前的 2018 年相比，超低排放改造完成后，宝山基地吨钢污染物排放量大幅下降，2022 年 1 月—2022 年 9 月，颗粒物排放强度由 0.294 千克/吨下降到 0.154 千克/吨，下降比例为 47.8%；二氧化硫排放强度由 0.342 千克/吨下降到 0.167 千克/吨，下降比例为 51.2%；氮氧化物排放强度由 0.634 千克/吨下降到 0.446 千克/吨，下降比例为 29.7%（图 4-4）。

图 4-4　宝钢股份厂区环境

4.3 太钢不锈

4.3.1 基本情况

山西太钢不锈钢股份有限公司（以下简称“太钢不锈”）位于山西省太

原市尖草坪区，为长流程钢铁企业，设计年粗钢生产能力 1200 万吨。太钢也是钢铁行业推荐的超低排放改造试点企业，率先升级改造，是继迁钢之后第二个完成评估监测公示的钢铁企业。

4.3.2 亮点特色

太钢不锈为典型的内陆型钢铁企业，原料产地及消费市场均远离生产厂区，大宗物料及产品的年外部运输量达 4000 万吨。同时，太原市位于汾渭平原腹地，为我国大气污染防治的重点区域，空气质量持续改善压力较大。为切实优化物流运输结构，实现超低排放，助力空气质量改善，太钢积极推动管道、管状带式皮带、铁路运输等方式优化运输结构，如精矿粉采用 102 公里管道远程输送的清洁运输方式，石灰采用“管状皮带+火车运输+气力输送”的多级环保输送工艺，粉煤灰采用气力输送；改造厂内铁路线路、优化火车运输物流组织；焦煤、电煤 100%铁路运输。大宗物料及产品采取清洁运输方式的比例高于 80%。太钢积极推动汽车运输“清洁化”，逐步扩大新能源车辆运输比例，已投入新能源重卡 268 辆，运输量约占厂内运输量的 71%，厂外运输量的 15%，采用与相关重卡企业联合建设换电设施的形式，提升车辆运输效率，规模化应用潜力得到进一步释放（图 4-5）。

尖山粉管道运输

石灰管状皮带

钢铁铁路运输

新能源重卡换电站

图 4-5 太钢不锈多式联运清洁运输

4.3.3 改造成效

通过超低排放改造，太钢已形成“管道+皮带+铁路+新能源重卡”为主的外部运输结构及以“铁路+新能源重卡”为主的厂内运输结构，区域空气质量明显改善，厂区及周边环境显著提升。

4.4 河钢乐钢

4.4.1 基本情况

河钢乐亭钢铁有限公司（以下简称“河钢乐钢”）依托河钢产业升级及宣钢产能转移项目注册成立，2020 年 9 月 7 日正式投产，背靠京唐港，毗邻曹妃甸，具有明显区位优势。年粗钢生产能力 747 万吨。河钢乐钢作为新建企业代表，在筹建之初将超低排放理念全方位融入设计与建设蓝图之中，建成落地后持续推进超低排放的升级改造，累计投入资金约 14.66 亿元。

4.4.2 亮点特色

4.4.2.1 全封闭机械化料场

河钢乐钢依托临港优势，建设从码头至料场的全封闭皮带通廊，替代传统公路运输。同时，建设全封闭 C 型料场、圆形储库分别用于存储含铁原料、喷吹煤，采用堆取料机、皮带形式输送至生产工序，有效避免了原燃料在厂区内的倒运。堆取料作业全程配备雾炮抑尘，并通过鹰眼智能联动系统实现堆取料机与雾炮的实时协同，有效抑尘（图 4-6）。实现主要原辅料超低无组织排放存储与运输。

4.4.2.2 炼钢车间整体除尘覆盖

河钢乐钢炼钢车间实现除尘全覆盖。转炉通过一次、二次、三次屋顶罩实现对加废钢、兑铁、吹炼、出钢、出渣等过程烟尘的高效捕集。针对铁水预处理、精炼炉、连铸大包回转台等工艺节点，采用定制化集尘方案，形成空间立体除尘网络。物料运输环节采用全密闭皮带通廊，逐点位设置收尘设施，确保转运过程粉尘无逸散。钢渣处理采用辊压热闷技术，配套湿式电除尘系统对工艺过程中产生的含尘蒸汽进行净化（图 4-6）。通过源头防控与末端治理的协同运作，打造绿色清洁化生产样板。

机械化料场

炼钢车间治理效果

图 4-6　河钢乐钢亮点工程

4.4.3　改造成效

河钢乐钢贯彻精准管控管理理念，采用先进污染治理工艺技术，稳定实现各类污染物超低排放，同时利用先进的信息化系统实现动态自查自证。河钢乐钢通过实施超低排放改造，污染治理水平大幅度提高，成为绿色引领的典范。与改造前相比，颗粒物、二氧化硫、氮氧化物分别下降766.29吨/年、397.89吨/年、994.73吨/年，下降比例分别为23.55%、20.12%、23.91%。

4.5 鞍钢鲅鱼圈

4.5.1 基本情况

鞍钢股份鲅鱼圈钢铁分公司（以下简称“鞍钢鲅鱼圈”）隶属于鞍钢集团，地处辽东湾东岸，于2008年9月10日正式投产运行。鞍钢鲅鱼圈采用了国际先进的钢铁生产工艺和装备，具有年产粗钢650万吨的生产能力。鞍钢鲅鱼圈投资25亿元全面推进超低排放改造工作，先后实施了烟气除尘升级改造、脱硫脱硝改造、料场全封闭、清洁运输提升等70余个改造项目。

4.5.2 亮点特色

鞍钢鲅鱼圈分公司无组织排放改造，尤其是料场位于东北沿海地区，恶劣的气候条件和地质条件，改造具有极高的技术难度及施工难度。鞍钢鲅鱼圈建设的世界最大三联跨246米超大跨度预应力管桁架与网架相结合的棚化料场，对行业建设超大跨距复杂钢结构封闭原料棚具有示范意义。原料料棚最大长度约640米，宽度约550米，最大高度约68米，占地面积达35万平方米（图4-7）。

图4-7　鞍钢鲅鱼圈分公司三联跨棚化料场

4.5.3　改造成效

鞍钢鲅鱼圈采用源头减量、过程控制、末端治理相结合的工艺技术路线，对有组织排放、无组织排放及清洁运输进行全流程、全过程超低排放改造，企业环保管控能力得到明显提升。2024 年鞍钢鲅鱼圈实现超低排放后，颗粒物、二氧化硫、氮氧化物排放绩效分别为 0.42 千克/吨、0.13 千克/吨、0.50 千克/吨，与改造前相比分别下降为 67.99%、66.83%、70.27%。

4.6　南　　钢

4.6.1　基本情况

南京钢铁股份有限公司（以下简称“南钢”）成立于 1958 年，目前隶属于中国中信集团有限公司，是“江苏钢铁工业摇篮”，具备年产 1000 万吨粗钢生产能力，是全球规模效益领先的中厚板生产和特钢长材生产基地。南钢锚定“都市型绿色钢厂”目标，2020—2023 年累计投入 120 亿元实施超低排放系统工程，三大维度实现全流程绿色转型：有组织排放端新增 11 套脱硫脱硝设施并建设及升级 112 套除尘系统；无组织治理建成全封闭机械化料场和筒仓，达成“用矿不见矿、用煤不见煤”；清洁运输端依托长江水运优势，构建“水铁管”多式联运体系，大宗物料清洁运输比例突破 80%。历时三年打造的百项环保工程使企业完成“钢铁侠”向“绿巨人”的生态蜕变，为区域蓝天保卫战贡献工业解决方案。

4.6.2　亮点特色

4.6.2.1　料场源头减排代替简单封闭改造

南钢重视源头减排工程，作为建厂 60 余年的大型钢铁企业，企业逐步扩建，原有料场分散，短途倒运频繁，企业从远期发展角度考虑，放弃在原有料场上“缝补修缮”，重新规划整合物料存储系统，取消全部小料场，拆除防风抑尘网，建设全封闭机械化料场（图 4-8）。

一是建设总面积达 9 万平方米的 4 座全封闭 C 型机械化料棚，可以储存 98 万吨铁矿。C 型机械化料棚的实施，从源头上避免了汽车进出料场带来的污染，料场时刻关闭大门，在抑尘措施的配合下，从根本上避免了污染物的产生；粉状物料损耗率从 0.65%降至 0.3575%，块状物料损耗率从 0.45%降至 0.2475%；实现了原料场的智慧化、无人化操作，大幅提高了生产效率。

二是新建可储煤 20 万吨的 24 座煤筒仓，可储存焦炭 12 万吨的 39 个焦炭仓及 6 万吨存储能力的 24 座块矿仓。

三是建设从码头至料场的全封闭皮带通廊，还建设了长达 2.3 公里的管式皮带输送机，将高炉水渣密闭输送至微粉厂。

超低排放改造完成后，企业主要原辅料均通过封闭皮带通廊或密闭管状带式输送机在料场（筒仓）与主要工序之间输送，彻底解决了料场作业以及物料运输给区域环境带来的无组织烟尘；有效减少了货运车辆的厂内倒运次数，降低了道路扬尘，实现主要原辅料超低无组织排放存储与运输。

4.6.2.2 突破创新、优化环境治理技术

南钢在超低排放改造过程中不断实践，加大投入推动环保治理技术的突破与创新（图 4-8）。在焦炉烟气治理上，创新“小苏打”脱硫工艺；在焦炉煤气脱硫装置上，大胆采用 DDS 生物脱硫技术；在富余煤气发电机组的烟气治理上，首家成功采用“BSNCR”生物质脱硝技术。

南钢投资 8000 万元建设国内焦化行业首套脱硫废液制酸项目，用泡沫硫及脱硫废液为原料制酸，从根本上解决 HPF 脱硫工艺硫磺品质低和脱硫废液二次环境污染问题。脱硫废液浓缩制酸是以脱硫再生塔顶硫泡沫和脱硫废液为原料制取浓硫酸的工艺，由脱硫废液浓缩和硫浆焚烧制酸两部分组成。项目投产后，脱硫塔后煤气硫化氢可控制在 5 毫克/立方米以下，同步消除再生尾气污染。

4.6.2.3 数字赋能、让环保监管更智慧

南钢在智慧运营中心建设了一套搭载多个智慧预测模块的“智慧环保管控平台”（图 4-8）。将厂区安装的 75 套 CEMS 烟气在线监测装置，318 套 TSP，50 套空气质量监测微站，12 套挥发性有机化合物监测仪器的实时监测数据，100 余台除尘器运行参数，以及 121 台高清视频监控设备拍摄画面全部接入平台内，实现了“一屏看全域，一键知指标，一网管环保”的实时精准管控，保障了环保设施的“健康”运行，全面提升了环保设施动态管理和达标预警管理水平。

筒仓和C型封闭料棚

封闭皮带通廊

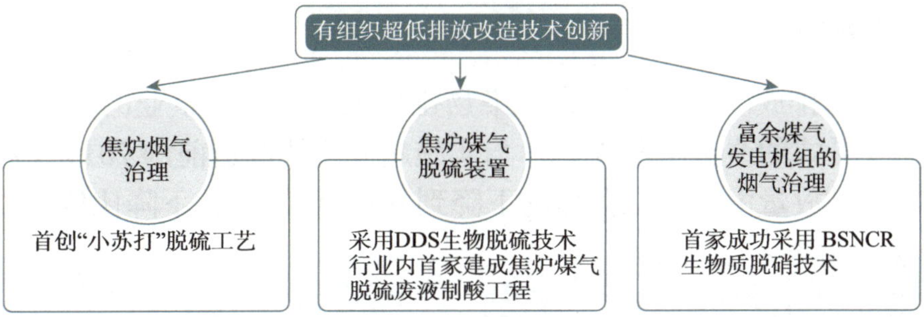

DDS生物脱硫技术：指生化铁-碱溶液催化法气体脱硫方法，是一种全新的湿法生物化学脱硫技术，用含DDS脱硫催化剂和亲硫耗氧性耐热耐碱菌及有关辅助材料的碱性溶液吸收煤气中的无机硫、有机硫和极少量的二氧化碳，进行脱硫。

BSNCR生物质脱硝技术：指使用生物质脱销剂的一项新型的烟气脱硝技术，其技术特点为系统简单、设备占地小、投资低、脱硝效率高，温度范围宽，无二次污染，没有液氨或氨水运输、储存等安全问题。

先进环保示范项目

智慧环保管控平台

图 4-8　南钢亮点工程

4.6.3　改造成效

南钢超低排放改造完成后，污染物排放大幅降低，企业的环境面貌得到了脱胎换骨式的改善（图 4-9）。与实施超低排放改造前的 2019 年相比，颗粒物吨钢排放量由 1.443 千克/吨下降到 0.15 千克/吨，下降比例 89.6%；

图 4-9　南钢厂区环境

二氧化硫吨钢排放量由0.279千克/吨下降到0.110千克/吨,下降比例60.5%;氮氧化物吨钢排放量由 0.740 千克/吨下降到 0.190 千克/吨，下降比例为74.3%。

4.7 天津荣程

4.7.1 基本情况

天津荣程联合钢铁集团有限公司（以下简称“天津荣程”）成立于2001年4月28日，是以钢铁为主业，兼营物流贸易、资源开发等为一体的大型企业。天津荣程积极开展转型升级，高度重视环境经营和清洁生产，不断加大节能环保投入，着力打造绿色钢铁企业，取得了显著的社会效益和经济效益。在原有投资38亿元环保设备设施且满足国家排放标准基础上又追加12亿元环保投入，按照超低排放要求，采用先进工艺技术，努力打造国内领先的绿色标杆钢铁企业。

4.7.2 亮点特色

天津荣程在“双碳”目标的引领下，致力于实现超低排放清洁运输，大力推动“氢+”“车+”经济的融合发展，大量采用氢能重卡，打造出国内氢能交通的新典范。

在超低评估期间的 2021 年，天津荣程自用氢能源项目在天津顺利落成，标志着天津首个氢能源运输示范应用场景的诞生。目前已经形成零碳货运绿氢能源制储加一体化技术，用渔光互补水面光伏发电作为电源供给、城市污水处理后中水作为水源，制氢站具备 99.999%纯度氢气 1300立方米/小时生产能力，产出绿氢经1000千克自用加氢站供应荣程氢燃料电池重卡使用，副产品氧气应用于天津荣程钢铁厂区生产，做到新水“零使用”、废水和二氧化碳“零排放”，形成了货运领域绿氢能源制储加用全产业链闭环。

目前，天津荣程已建成投用4座加氢站，拥有氢燃料电池重卡275辆并实现稳定运营，氢能重卡累计加氢约1300吨，行驶里程超过1000万公里，完成货运量近1100万吨，减排二氧化碳近10000吨，成功打造了3条零碳货运线路，为港口和大型工业企业大宗货物运输向绿色低碳化升级转型注入了“氢”新动力，形成了强大示范带动效应。

4.7.3 改造成效

天津荣程经过超低排放改造，污染治理效果明显，污染物排放浓度稳定满足超低排放限值要求。2021 年全年，天津荣程污染物排放强度达到了行业先进水平。与实施超低排放改造前的 2018 年相比，吨钢颗粒物、二氧化硫、氮氧化物排放量分别下降 20%、78.95%、69.49%。

4.8 纵横钢铁

4.8.1 基本情况

河北纵横集团丰南钢铁有限公司（以下简称“纵横钢铁”）是河北省“十三五”期间重点扶持发展的大型钢铁企业集团之一，也是河北省第一家城市钢厂联合重组暨向沿海搬迁转移的钢铁企业，公司于 2020 年 8 月全面投产。

纵横钢铁按照“布局紧凑、工艺先进、装备高端、绿色低碳、高效节能”建设目标，高起点规划建设，主要装备为国内知名企业制造，投资 2 亿多元建设了信息化管理平台和智能管控中心，全流程实现自动控制和智能管理。纵横钢铁按照高标准、高要求开展超低排放改造，累计增加环保投资 28 亿元，明显高于同类企业。

4.8.2 亮点特色

4.8.2.1 首创烧结环冷机全冷段余热回收利用技术

针对目前烧结环冷机三、四段余热温度较高的情况，纵横钢铁首次创新设计了环冷机三、四段三压余热回收系统，余热锅炉可产生多种不同参数蒸汽，分别送至发电机组及公辅管网。环冷机五段废气经换热后引至热风点火及烟气循环系统，实现余热回收从原有的仅利用一、二段余热扩展至全部冷却段（图 4-10）。项目投产后，年产生经济效益 15588 万元，年节标煤量（当量值）17.1 万吨，年减少二氧化碳排放量 43.5 万吨，并同时实现环冷机废气无外排、无粉尘外溢，达到经济效益及环境效益双丰收。

4.8.2.2 烧结机头烟气活性炭+SCR 脱硝双保险

纵横钢铁坚持“环保治理质量和效果优先”原则，对环保治理投入不设上限，不惜成本，以烧结工序机头烟气治理为例，在原设计的“高效双室四电场静电除尘+活性焦烟气净化装置”基础上，纵横钢铁为每台烧结机又增加投资 5 亿多元，新增“二级中温 SCR 脱硝+高效布袋除尘器”治理工艺（图 4-10）。该技术工程措施使颗粒物、二氧化硫和氮氧化物排放指标稳定低于超低排放限值。

环冷机全冷段余热回收利用

烧结机烟气循环

烧结机头烟气活性炭+SCR 脱硝

图 4-10 纵横钢铁亮点工程

4.8.3 改造成效

改造后纵横钢铁污染物排放浓度稳定满足超低排放限值要求。吨钢主要大气污染物排放量：颗粒物为 0.25 千克/吨，二氧化硫为 0.07 千克/吨，氮氧化物为 0.28 千克/吨，达到了行业先进水平（图 4-11）。

图 4-11　纵横钢铁现场改造情况

4.9　南 通 中 天

4.9.1　基本情况

中天钢铁集团（南通）有限公司（以下简称“南通中天”），2020 年开工建设。公司充分利用南通港口及集疏运体系优势，形成了以智能制造为基础的高效、绿色、可持续发展精品钢产业基地。

南通中天严格按照超低排放要求设计和施工，有组织排放均是“建成即超低”的示范工程。无组织排放治理方面，同步高标准建设了焦炭筒仓、全封闭机械化料棚，实现了“用矿不见矿、用煤不见煤、运料不见料”。清洁运输方面，充分利用海港码头和内河码头优势，进出厂区的大宗物料和产品主要采用水路运输方式，清洁方式运输比例达到 80%以上。

4.9.2　亮点特色

南通中天投资约 2.2 亿元为新建高炉同步配置全煤气精脱硫系统，其中 1 号、2 号高炉采用“水解催化+吸附”技术，3#高炉采用“水解催化+干法脱硫”技术。建设国内首套高炉煤气硫磺制备系统，将高炉精脱硫系统脱硫解吸气送来的富硫煤气，通过硫磺制备及回收装置，制成固体硫磺，形成“脱硫－回收－增值”的绿色产业链闭环（图 4-12）。

4.9.3　改造成效

通过超低排放改造的系统性创新，南通中天在实现环境效益与经济效益双赢方面取得突破性进展。公司依托 1 号、2 号高炉配置的精脱硫精制硫磺项目，每年可生产高纯度单质硫磺近 1000 吨，减少脱硫吸附剂危废产生

图 4-12　高炉煤气精脱硫精制硫磺项目

量约 20000 吨/年，综合硫磺产品的经济收益和节约的固废处置费用，每年可带来约 3000 万的经济收益。实现了污染物资源化利用的闭环价值转化。

4.10　晋南钢铁

4.10.1　基本情况

山西晋南钢铁集团有限公司（简称“晋南钢铁”）位于临汾市曲沃经济技术开发区，是一家集钢铁、焦化、高端化工、新能源为一体的绿色低碳示范民营企业。作为中国西北地区最大的型材生产基地，晋南钢铁不仅是山西氢能产业链“链主”，而且依托自身“钢焦融合、钢化联产”的产业优势，率先在国内构建起了“钢-焦-化-氢+绿电”全循环产业链。晋南钢铁严格按照超低排放要求设计和施工，有组织排放治理均是“建成即超低”的示范工程。无组织治理方面，不仅实现了“用矿不见矿、用煤不见煤、运料不见料、出铁不见铁”，同时实现精准、科学治污和管控。此外，企业在现有原燃料铁路运输的基础上，采购 500 余辆氢能重卡，实现全部短途运输的“零”碳化。

4.10.2　亮点特色

晋南钢铁充分发挥自身资源互补优势，开创耦合发展新模式，利用钢铁副产的煤气生产高附加值乙二醇，实现“以化固碳”。同时，企业开发了高炉喷氢“物理自保护+工艺自保护智能联动+紧急自保护切断”的三重智能安全控制技术，实现钢铁板块的蒸汽、氮气等能源介质与化工生产用气的耦合匹配及智能化调度，达到产业间协同减污降碳。“钢-焦-化-氢+绿电”开创了钢铁和化工企业耦合发展的新模式，对推动产业高端化、智能化、绿色化，加快形成新质生产力有重要意义（图 4-13）。

图 4-13　沃能化工厂区

4.10.3　改造成效

晋南钢铁按照“环保优先、关小上大、减量置换”的原则对产能进行置换升级并完成超低排放改造，项目实施后较原立恒钢铁（已拆除淘汰）每年可分别减少颗粒物、二氧化硫和氮氧化物排放 329 吨、131 吨和 959 吨。同时，晋南钢铁实现了短途零碳物流全覆盖，物料运输方面每辆车可减少碳排放约 200t，每年减少碳排放约 10 万吨。

4.11　徐州金虹

4.11.1　基本情况

徐州金虹钢铁集团有限公司（以下简称“金虹钢铁”）位于江苏省徐州市沛县敬安镇徐丰公路北侧，为民营股份制电炉短流程钢铁企业，金虹钢铁设计炼钢能力 100 万吨。

金虹钢铁先后投资约 2.6 亿元进行超低排放改造。改造内容包括采样口平台规范化改造，电炉烟气三次除尘改造，康斯迪连续预热上料系统喂料口、合金添加系统喂料口、供料皮带（石灰块、增碳剂等）封闭收尘改造，连铸工序屋顶烟气收集，连铸浇筑、拉矫工序、热修工序烟气除尘改造，原料堆放车间封闭，加热炉低氮燃烧及 SCR 低温脱硝改造，无组织管控平台搭建、DCS、高清监控等监测监控以及清洁运输车辆更换等。

4.11.2　亮点特色

（1）金虹钢铁属于短流程炼钢，吨钢二氧化硫、氮氧化物排放量分别仅为含烧结的长流程炼钢的 2%和 21%，企业通过实施连铸连轧工艺，余热利用能力大幅提升，避免了钢坯进加热炉二次加热，污染物排放量大幅降低。

（2）金虹钢铁在发展过程中一直秉承绿色低碳理念，先后投资上亿资金，在标准化厂房、办公用户、车棚、蓄水池等量身定制分布式光伏发电系统。目前，企业光伏装机容量约 85 兆瓦，绿电年发电 1 亿度，绿电占比 20%，年减少约 5 万吨二氧化碳的排放量，实现了绿色低碳发展（图 4-14）。

车间内环境　　　　光伏发电厂房

图 4-14　徐州金虹光伏情况

4.11.3　改造成效

金虹钢铁超低排放改造完成后，颗粒物减排 5.42 吨，二氧化硫减排 8.53 吨，氮氧化物减排 1.77 吨；吨钢污染物排放：颗粒物 0.013 千克/吨、二氧化硫基本零排放、氮氧化物 0.002 千克/吨，较超低排放改造前分别下降 61.7%、99.8%、73.8%。

第5章 结 语

中国钢铁企业已投入超过2600亿元资金进行超低排放改造，取得了非凡的成效，预计到2025年，中国将有80%以上粗钢产能完成全流程超低排放改造，大气污染物排放强度将达到世界领先水平。随着超低排放的深入推进，越来越多的企业逐步意识到全面落实超低排放并非只靠硬件，更需要先进的管理模式作为支撑。

当前，中国主要钢铁企业正在积极探索并建立卓越环保绩效管理模式，一方面，建立健全环保管理机构及制度。成立环保专业委员会或环保联席会，对监督检查、绩效考核、组织调整、整改实施等重要环保事项进行审议；建立完善的针对环保的薪酬考核体系，提高制度的可执行性；建立内部监督检查机制，加大巡检力度，确保制度有效执行。同时，建立智慧环保云平台助力卓越环保绩效管理。建设基于环保技术和管理持续保持先进性、稳定性需求的智能决策系统。打破环保设备边界以及各单位联动不足的技术壁垒，实现物与物、人与物、人与人、工艺与质量、工艺与管理的数据互通，保证数据的高质量及可拓展使用性，实现环保管理信息化的一体化重构，为智能环保的无人化管理决策打下基础。智能环保信息化系统将通过工艺梳理、人工智能及环境智能，实现对生产排污节点污染防治的一体化管理，强化环保末端治理与生产源头减量的一体化协同，智能动态优化无组织及有组织排放治理，指导一体化系统综合进行源头减量、过程控制及末端治理，并有机结合运维人员与环保设备的管理，形成基于环境要求的柔性监管体系。通过系统决策，在现有环保管理模式的基础上融入先进的卓越绩效环保管理理念，从而脱离无序盲目的随机性操作方式，打造属于企业的线上智能环保管家，帮助企业不断优化完善卓越环保绩效管理模式，推动企业成为“认知环保－精益环保－卓越环保”的先行者和领跑者。

中国钢铁行业紧跟国家“双碳”目标，协同推进减污降碳扩绿增长。钢铁行业一直高度重视绿色低碳发展，近年来，在先进节能低碳技术推广应用、智能化管控体系应用、废钢资源回收利用、流程结构优化等方面取得积极进展。在中国政府颁布了明确的低碳发展愿景和目标后，钢铁行业更是积极响应、迅速行动，积极推动以低碳为统领的发展理论体系建设，提前谋划碳达峰及降碳路径。2022 年，中国钢铁工业协会成立低碳工作推进委员会，发布《中国钢铁工业“双碳”愿景及技术路线图》，正式启动钢铁行业环境产品声明（EPD）平台，大力推进极致能效工程，提出世界前沿低碳共性技术开发支持计划。中国宝武、鞍钢集团、河钢集团、包钢集团、建龙集团、中信集团等企业先后发布低碳宣言，公布了低碳发展行动路线，明确目标、主要降碳路径及技术方案。同时，钢铁企业积极探索实践前沿降碳技术，中国宝武牵头成立全球低碳冶金创新联盟，积极推动钢铁行业低碳冶炼技术研发及应用；包括宝武集团在内的一批先行企业已经开展了一系列探索突破性低碳技术的研发和世界最新的低碳生产流程的工程化实践。

作为重要的基础材料，钢铁被人类应用超过三千年。随着技术进步和时代发展，钢铁不断被赋予新内涵，承载绿色、低碳、智能等多种创新元素。近十年来，中国钢铁行业付出巨大努力，投入巨大资金，积极创新实践，已经建成了世界最大的钢铁材料清洁生产基地，可持续发展正展现出强大韧性和蓬勃生机。未来，中国钢铁将继续坚定不移地推动绿色低碳转型，支持并推动世界钢铁掀起更大规模的“绿色革命”，为实现“双碳”目标不懈努力，为中国式现代化建设和世界钢铁可持续发展作出中国钢铁贡献。

附 录

附录1 已公示实现超低排放企业名单

序号	省份	地市	企业名称	企业类别	公示环节	公示产能/万吨
1	河北	唐山	首钢股份公司迁安钢铁公司	长流程钢铁	全流程	800
2	山西	太原	山西太钢不锈钢股份有限公司	长流程钢铁	全流程	1200
3	河北	唐山	首钢京唐钢铁联合有限责任公司	长流程钢铁	全流程	1370
4	河北	邢台	德龙钢铁有限公司	长流程钢铁	全流程	300
5	山东	日照	山东钢铁集团日照钢铁有限公司	长流程钢铁	全流程	850
6	河北	邯郸	新兴铸管股份有限公司	长流程钢铁	全流程	192
7	河北	唐山	河北纵横集团丰南钢铁有限公司	长流程钢铁	全流程	770
8	山西	长治	首钢长治钢铁有限公司	长流程钢铁	全流程	360
9	河南	安阳	安阳钢铁股份有限公司	长流程钢铁	全流程	607.3
10	山西	运城	山西建龙实业有限公司	长流程钢铁	全流程	655
11	山西	临汾	山西晋南钢铁集团有限公司（含二期）	长流程钢铁	全流程	490
12	山东	济南	山东钢铁股份有限公司莱芜分公司	长流程钢铁	全流程	1000
13	陕西	韩城	陕西龙门钢铁有限责任公司	长流程钢铁	全流程	700
14	山东	青岛	青岛特殊钢铁有限公司（含续建）	长流程钢铁	全流程	417
15	山东	德州	山东莱钢永锋钢铁有限公司	长流程钢铁	全流程	280
16	河北	沧州	沧州中铁装备制造材料有限公司	长流程钢铁	全流程	540
17	河北	石家庄	敬业钢铁有限公司	长流程钢铁	全流程	600
18	河南	安阳	安阳市新普钢铁有限公司	长流程钢铁	全流程	200
19	河北	唐山	河北津西钢铁集团股份有限公司西厂区	长流程钢铁	全流程	500
20	广东	湛江	宝钢湛江钢铁有限公司	长流程钢铁	全流程	1252.8
21	河北	唐山	河钢乐亭钢铁有限公司	长流程钢铁	全流程	747
22	河北	唐山	唐山港陆钢铁有限公司	长流程钢铁	全流程	480
23	河北	唐山	唐山瑞丰钢铁（集团）有限公司	长流程钢铁	全流程	450

续表

序号	省份	地市	企业名称	企业类别	公示环节	公示产能/万吨
24	河北	唐山	唐山东华钢铁企业集团有限公司（含凯恒）	长流程钢铁	全流程	375
25	河北	石家庄	石家庄钢铁有限责任公司特殊钢分公司	短流程钢铁	全流程	200
26	河北	唐山	唐山东海钢铁集团有限公司	长流程钢铁	全流程	360
27	江苏	张家港	江苏永钢集团有限公司	长流程钢铁	全流程	810
28	天津	市辖区	天津钢铁集团有限公司	长流程钢铁	全流程	405
29	河南	安阳	安阳豫河永通球团有限责任公司	球团	全流程	—
30	天津	市辖区	天津市新天钢联合特钢有限公司	长流程钢铁	全流程	420
31	山东	临沂	山东钢铁集团永锋临港有限公司	长流程钢铁	全流程	510
32	天津	市辖区	天津荣程联合钢铁集团有限公司	长流程钢铁	全流程	420
33	江苏	徐州	徐州金虹钢铁集团有限公司	短流程钢铁	全流程	100
34	山东	滨州	西王金属科技有限公司	长流程钢铁	全流程	300
35	河北	邯郸	金鼎重工有限公司	长流程钢铁	全流程	240
36	河北	邯郸	邯郸钢铁集团有限责任公司	长流程钢铁	全流程	536
37	江苏	苏州	常熟市龙腾特种钢有限公司	长流程钢铁	全流程	320
38	河北	唐山	河北鑫达钢铁集团有限公司	长流程钢铁	全流程	470
39	山东	泰安	石横特钢集团有限公司	长流程钢铁	全流程	465
40	河北	唐山	河北东海特钢集团有限公司	长流程钢铁	全流程	730
41	江苏	苏州	浦项（张家港）不锈钢股份有限公司	短流程钢铁	全流程	110
42	上海	上海	宝山钢铁股份有限公司（宝山基地）	长流程钢铁	全流程	1772.1
43	河北	承德	承德建龙特殊钢有限公司	长流程钢铁	全流程	220
44	山东	潍坊市	山东寿光巨能特钢有限公司	长流程钢铁	全流程	220
45	湖北	鄂州	宝武集团鄂城钢铁有限公司	长流程钢铁	全流程	401
46	山东	潍坊	山东鲁丽钢铁有限公司	长流程钢铁	全流程	150
47	河北	邯郸	河北普阳钢铁有限公司	长流程钢铁	全流程	391.67
48	河北	唐山	唐山首唐宝生功能材料有限公司	短流程钢铁	全流程	30
49	天津	市辖区	天津钢管制造有限公司	长流程钢铁	全流程	220

续表

序号	省份	地市	企业名称	企业类别	公示环节	公示产能/万吨
50	河北	唐山	唐山中厚板材有限公司	长流程钢铁	全流程	360
51	山西	晋城	山西晋钢制造科技实业有限公司	长流程钢铁	全流程	460
52	安徽	马鞍山	马鞍山钢铁股份有限公司	长流程钢铁	全流程	1296
53	河北	唐山	唐山市玉田金州实业有限公司	短流程钢铁	全流程	70
54	安徽	马鞍山	安徽长江钢铁股份有限公司	长流程钢铁	全流程	370
55	河北	唐山	河北天柱钢铁集团有限公司	长流程钢铁	全流程	280
56	河北	秦皇岛	秦皇岛宏兴钢铁有限公司	长流程钢铁	全流程	345
57	河北	邯郸	河北华信特种钢铁有限公司	长流程钢铁	全流程	110
58	江苏	苏州	江苏沙钢集团有限公司	长流程钢铁	全流程	2262
59	江苏	无锡	江阴兴澄特种钢铁有限公司	长流程钢铁	全流程	665
60	山东	潍坊	潍坊特钢集团有限公司	长流程钢铁	全流程	320
61	河北	秦皇岛	河北安丰钢铁有限公司	长流程钢铁	全流程	710
62	河北	唐山	唐山正丰钢铁有限公司	短流程钢铁	全流程	180
63	江苏	南京	南京钢铁股份有限公司	长流程钢铁	全流程	1000
64	江苏	淮安	江苏沙钢集团淮钢特钢股份有限公司	长流程钢铁	全流程	240
65	河北	秦皇岛	青龙满族自治县德龙铸业开发有限公司	长流程钢铁	全流程	120
66	河北	邯郸	河北太行钢铁集团有限公司	长流程钢铁	全流程	395
67	河北	邯郸	冀南钢铁集团有限公司	长流程钢铁	全流程	205
68	山东	日照	日照钢铁控股集团有限公司	长流程钢铁	全流程	1895
69	山东	济南	山东泰山钢铁集团有限公司	长流程钢铁	全流程	337
70	河南	安阳	河南凤宝特钢有限公司	长流程钢铁	全流程	150
71	河北	邯郸	河北新金钢铁有限公司	长流程钢铁	全流程	240
72	河北	唐山	河北燕山钢铁集团有限公司	长流程钢铁	全流程	795
73	江苏	南京	上海梅山钢铁股份有限公司	长流程钢铁	全流程	760
74	江苏	连云港	连云港华乐合金有限公司	长流程钢铁	全流程	95
75	四川	凉山州	攀钢集团西昌钢钒有限公司	长流程钢铁	全流程	400

续表

序号	省份	地市	企业名称	企业类别	公示环节	公示产能/万吨
76	江苏	常州市	中天钢铁集团有限公司	长流程钢铁	全流程	360
77	江苏	徐州	江苏徐钢钢铁集团有限公司	长流程钢铁	全流程	295
78	湖北	武汉	武汉钢铁有限公司	长流程钢铁	全流程	1590
79	江苏	徐州	中新钢铁集团有限公司	长流程钢铁	全流程	570
80	河北	邯郸	河北新武安钢铁集团鑫汇冶金有限公司	短流程钢铁	全流程	68.5
81	河北	辛集	辛集市澳森特钢集团有限公司	长流程钢铁	全流程	405
82	江苏	盐城	盐城市联鑫钢铁有限公司	长流程钢铁	全流程	270
83	山东	济南	山东九羊集团有限公司	长流程钢铁	、全流程	300
84	江苏	常州	常州东方特钢有限公司	长流程钢铁	全流程	230
85	河北	邯郸	中普（邯郸）钢铁有限公司	长流程钢铁	全流程	100
86	河北	唐山	河北荣信钢铁有限公司	长流程钢铁	全流程	200
87	河北	唐山	唐山文丰特钢有限公司	长流程钢铁	全流程	240
88	江苏	镇江	江苏鸿泰钢铁有限公司	短流程	全流程	157.5
89	辽宁	营口	鞍钢股份有限公司鲅鱼圈钢铁分公司	长流程钢铁	全流程	650
90	江苏	扬州	扬州市秦邮特种金属材料有限公司	长流程钢铁	全流程	240
91	江苏	扬州	扬州华航特钢有限公司	短流程	全流程	60
92	陕西	渭南市	陕西华鑫特种钢铁集团有限公司（电炉）	短流程	全流程	120
93	江苏	南通	中天钢铁集团（南通）有限公司	长流程钢铁	全流程	585
94	广东	韶关市	广东中南钢铁股份有限公司	长流程钢铁	全流程	620
95	山东	临沂	临沂钢铁投资集团特钢有限公司	长流程钢铁	全流程	270
96	河北	秦皇岛	秦皇岛佰工钢铁有限公司	长流程钢铁	全流程	151
97	河北	唐山	河北唐银钢铁有限公司	长流程钢铁	全流程	200
98	江苏	泰州	江苏长强钢铁有限公司	长流程钢铁	全流程	170
99	河北	邯郸	邯钢能嘉钢铁有限公司	长流程钢铁	全流程	200
100	江苏	连云港	江苏省镔鑫钢铁集团有限公司	长流程钢铁	全流程	300
101	河北	邯郸	河北永洋特钢集团有限公司	长流程钢铁	全流程	120

续表

序号	省份	地市	企业名称	企业类别	公示环节	公示产能/万吨
102	江苏	连云港市	连云港兴鑫钢铁有限公司	长流程钢铁	全流程	300
103	河北	邯郸	天津铁厂有限公司	长流程钢铁	全流程	400
104	内蒙古	包头	内蒙古包钢钢联股份有限公司	长流程钢铁	全流程	1750
105	河北	邯郸	武安市裕华钢铁有限公司	长流程钢铁	全流程	240
106	江苏	盐城	江苏德龙镍业有限公司	短流程钢铁	全流程	112
107	河北	唐山	唐山松汀钢铁有限公司	长流程钢铁	全流程	240
108	河北	唐山市	唐山国堂钢铁有限公司	长流程钢铁	全流程	300
109	河北	唐山市	河北华西特种钢铁有限公司	长流程钢铁	全流程	170
110	江苏	连云港	连云港亚新钢铁有限公司	长流程钢铁	全流程	300
111	河北	唐山	迁安市九江线材有限责任公司	长流程钢铁	全流程	550
112	河南	周口	河南安钢周口钢铁有限责任	长流程钢铁	全流程	175
113	河北	唐山市	河北省中首特钢集团有限公司	短流程钢铁	全流程	82.5
114	江苏	无锡	无锡西城特种船用板有限公司	短流程钢铁	全流程	60
115	浙江	宁波	宁波钢铁有限公司	长流程钢铁	全流程	400
116	山西	临汾	山西通才工贸有限公司	长流程钢铁	全流程	278
117	河北	承德	河钢股份有限公司承德分公司	长流程钢铁	全流程	500
118	河南	平顶山	舞阳钢铁有限责任公司	长流程钢铁	全流程	440
119	江苏	无锡	江阴华西钢铁有限公司	长流程钢铁	全流程	140
120	四川	泸州	泸州鑫阳钒钛钢铁有限公司	短流程钢铁	全流程	200
121	河北	唐山	唐山市丰南区经安钢铁集团有限公司	长流程钢铁	全流程	240
122	河北	邯郸	河北新武安钢铁集团烘熔钢铁有限公司	长流程钢铁	全流程	135
123	辽宁	抚顺	抚顺新钢铁有限责任公司	长流程钢铁	全流程	330
124	江苏	江阴	江阴华润制钢有限公司	短流程钢铁	全流程	94
125	浙江	湖州	湖州盛特隆金属制品有限公司	短流程钢铁	全流程	25
126	河南	商丘	闽源钢铁集团有限公司	长流程钢铁	有组织、无组织	300

续表

序号	省份	地市	企业名称	企业类别	公示环节	公示产能/万吨
127	福建	漳州	福建三宝钢铁有限公司	长流程钢铁	清洁运输	387.5
128	河南	安阳	沙钢集团安阳永兴特钢有限公司	长流程钢铁	有组织	260
129	福建	福州	福建大东海实业集团有限公司	长流程钢铁	清洁运输	220
130	河南	济源	河南济源钢铁（集团）有限公司	长流程钢铁	有组织、无组织	400
131	江苏	无锡	江苏无锡新三洲特钢有限公司	长流程钢铁	清洁运输	140
132	陕西	汉中	陕钢集团汉中钢铁有限责任公司	长流程钢铁	无组织、清洁运输	300
133	浙江	嘉兴	浙江万泰特钢有限公司	短流程钢铁	有组织、清洁运输	120
134	安徽	芜湖	芜湖新兴铸管有限责任公司	长流程钢铁	有组织、清洁运输	150
135	浙江	嘉兴	振石集团东方特钢有限公司	短流程钢铁	有组织、清洁运输	70
136	重庆	长寿区	重庆钢铁股份有限公司	长流程钢铁	清洁运输	840
137	福建	三明	福建省三钢（集团）有限责任公司	长流程钢铁	清洁运输	620
138	江苏	扬州	扬州恒润海洋重工有限公司	长流程钢铁	无组织、清洁运输	350
139	安徽	铜陵	铜陵市富鑫钢铁有限公司	长流程钢铁	有组织、清洁运输	126
140	新疆	乌鲁木齐	新疆八一钢铁股份有限公司	长流程钢铁	清洁运输	630
141	湖北	黄石	大冶特殊钢有限公司	长流程钢铁	清洁运输	340
142	广西	防城港	广西钢铁集团有限公司	长流程钢铁	清洁运输	840
143	广西	防城港	广西盛隆冶金有限公司	长流程钢铁	无组织、清洁运输	978
144	江苏	丹阳	丹阳龙江钢铁有限公司	长流程钢铁	清洁运输	150
145	浙江	衢州	衢州元立金属制品有限公司	长流程钢铁	清洁运输	500
146	辽宁	朝阳	凌源钢铁集团有限责任公司	长流程钢铁	清洁运输	570
147	安徽	六安	安徽首矿大昌金属材料有限公司	长流程钢铁	清洁运输	317
148	浙江	宁波	宁波昊阳新材料科技有限公司	长流程钢铁	有组织、清洁运输	40
149	广东	阳春	阳春新钢铁有限责任公司	长流程钢铁	清洁运输	240

续表

序号	省份	地市	企业名称	企业类别	公示环节	公示产能/万吨
150	浙江	丽水	丽水华宏钢铁制品有限公司	短流程钢铁	有组织、清洁运输	120
151	安徽	芜湖	芜湖市富鑫钢铁有限公司	长流程钢铁	清洁运输	220
152	浙江	丽水	浙江青山钢铁有限公司	短流程钢铁	有组织、清洁运输	35
153	江西	萍乡	萍乡萍钢安源钢铁有限公司	长流程钢铁	有组织	320
154	浙江	宁波	宁波万荣特种钢有限公司	短流程钢铁	清洁运输	15
155	辽宁	朝阳	鞍钢集团朝阳钢铁有限公司	长流程钢铁	无组织、清洁运输	203
156	辽宁	本溪	本钢板材股份有限公司	长流程钢铁	清洁运输	1115
157	浙江	湖州	湖州永兴特种不锈钢有限公司	短流程钢铁	清洁运输	35
158	河南	信阳	安钢集团信阳钢铁有限责任公司	长流程钢铁	有组织	300
159	四川	攀枝花	攀钢集团攀枝花钢钒有限公司	长流程钢铁	清洁运输	590
160	辽宁	本溪	本溪北营钢铁（集团）股份有限公司	长流程钢铁	清洁运输	722.5
161	吉林	辽源	吉林鑫达钢铁有限公司	长流程钢铁	清洁运输	330
162	福建	福州	福建罗源闽光钢铁有限责任公司	长流程钢铁	清洁运输	202.5
163	云南	昆明	武钢集团昆明钢铁股份有限公司	长流程钢铁	有组织、清洁运输	480
164	辽宁	抚顺	抚顺特殊钢股份有限公司	短流程钢铁	有组织、清洁运输	65
165	辽宁	辽阳	辽阳联合钢铁有限公司	长流程钢铁	清洁运输	230
166	吉林	吉林	磐石建龙钢铁有限公司	长流程钢铁	清洁运输	110
167	黑龙江	双鸭山	黑龙江建龙钢铁有限公司	长流程钢铁	清洁运输	200
168	辽宁	鞍山	鞍山钢铁集团有限公司（鞍山本部）	长流程钢铁	清洁运输	1945
169	内蒙古	乌海	包钢万腾钢铁有限责任公司	长流程钢铁	有组织	210

附录 2　钢铁超低排放改造重点排放源技术清单

排放源		首钢迁钢	宝钢股份宝山基地	河钢乐钢	鞍钢鲅鱼圈	南钢	天津荣程	纵横钢铁	南通中天	晋南钢铁
烧结机机头		静电除尘+活性炭一体化脱硫脱硝/静电除尘+密相干塔脱硫+SCR脱硝	静电除尘+SCR脱硝+循环流化床脱硫+布袋除尘/静电除尘+活性炭一体化脱硫脱硝	双室四电场除尘+循环流化床脱硫+SCR脱硝	双室四电场静电除尘+SDA脱硫+布袋除尘+SCR脱硝/双室四电场静电除尘+活性炭脱硫脱硝	静电除尘+旋转喷雾法脱硫+SCR脱硝/静电除尘+循环流化床法脱硫+SCR脱硝	四电场静电除尘+烟气循环流化床半干法脱硫+SCR脱硝	双室四电场静电除尘+布袋除尘+活性焦一体化脱硫+SCR脱硝	双室四电场静电除尘+活性炭脱硫脱硝/双室四电场静电除尘+循环流化床烟气脱硫+SCR脱硝	四电场静电除尘+活性炭脱硫脱硝/石灰石/石灰-石膏法脱硫系统+SCR脱硝/循环流化床法+SCR脱硝
烧结机尾		布袋除尘	布袋除尘	电袋复合除尘	布袋除尘	布袋除尘	布袋除尘	布袋除尘	布袋除尘	布袋除尘
球团焙烧烟气	链箅机-回转窑	静电除尘+活性炭一体化脱硫脱硝+SCR脱硝	—	—	双室三电场静电除尘+SDA脱硫+布袋除尘+中低温SCR脱硝	—	四电场静电除尘+烟气循环流化床半干法脱硫+SCR脱硝	—	—	四电场静电除尘+石灰石/石灰-石膏法脱硫+SCR脱硝
	带式焙烧机	静电除尘+密相干塔脱硫+SCR脱硝	—	双室四电场除尘+循环流化床脱硫+SCR脱硝	—	—	—	—	四电场静电除尘+循环流化床烟气脱硫+SCR脱硝	—
	竖炉	—	—	—	—	—	—	—	—	—

续表

排放源	首钢迁钢	宝钢股份宝山基地	河钢乐钢	鞍钢鲅鱼圈	南钢	天津荣程	纵横钢铁	南通中天	晋南钢铁
焦炉烟气	—	活性炭基催化脱硫+SCR 脱硝/SDA 旋转喷雾法脱硫+分段燃烧/加热+SCR 脱硝+袋式除尘，活性炭（备用）	—	袋式除尘+SDS 脱硫+SCR 脱硝	$NaHCO_3$ 脱硫+布袋除尘+SCR 脱硝	—	半干法脱硫+袋式除尘+低温 SCR 脱硝	DS 干法脱硫+袋式除尘+SCR 脱硝	SCR 脱硝+SDS 脱硫+袋式除尘/CFB 脱硫+袋式除尘+SCR 脱硝
装煤和推焦	—	布袋除尘	—	布袋除尘	布袋除尘	—	袋式除尘+干法脱硫	布袋除尘	布袋除尘
干熄焦	—	活性炭基催化脱硫	—	布袋除尘+SDS 脱硫	布袋除尘+送各自焦炉烟气处理系统处理	—	袋式除尘+干法脱硫	布袋除尘+送各自焦炉烟气处理系统处理	布袋除尘+石膏湿法脱硫+湿电除尘+干法脱硫
高炉矿槽和出铁场	布袋除尘	布袋除尘	布袋除尘	布袋除尘	布袋除尘	布袋除尘	布袋除尘	布袋除尘	布袋除尘
高炉热风炉烟气	密相干塔脱硫+SCR 脱硝	燃用净化煤气+固定床钙基脱硫	固定床脱硫	固定床脱硫	钙剂 SDS 脱硫	燃用精脱硫煤气（微晶吸附）	袋式除尘+SDS 脱硫+SCR 脱硝	燃用净化煤气，高炉煤气精脱硫（水解催化+吸附/干法脱硫）	干法脱硫+袋式除尘

续表

排放源	首钢迁钢	宝钢股份宝山基地	河钢乐钢	鞍钢鲅鱼圈	南钢	天津荣程	纵横钢铁	南通中天	晋南钢铁
转炉二次烟气	布袋除尘	滤筒除尘	布袋除尘	布袋除尘	布袋除尘	布袋除尘	布袋除尘	布袋除尘	布袋除尘
石灰窑焙烧	—	—	袋式除尘+SCR脱硝	—	布袋除尘	布袋除尘	袋式除尘+SCR脱硝	布袋除尘+SCR 脱硝	袋式除尘+干法脱硫 SDS+SNCR脱硝
轧钢加热炉和热处理炉烟气	干法脱硫+SCR 脱硝	燃用净化煤气/天然气+低氮燃烧 燃用净化煤气/天然气	固定床脱硫	燃用精脱硫高炉煤气（水解催化+吸附）	—	燃用精脱硫煤气（微晶吸附）	低氮燃烧+SCR脱硝+SDS 脱硫+袋式除尘	燃用净化煤气，高炉煤气精脱硫（水解催化+吸附/干法脱硫）	燃用净化煤气，高炉煤气精脱硫（水解催化+酸碱中和）
燃气锅炉	高效低氮燃烧+密相干塔法脱硫	静电除尘+SCR脱硝+石灰石-石膏湿法脱硫+湿式电除尘	固定床脱硫	燃用精脱硫高炉煤气（水解催化+吸附）+SNCR+SCR脱硝	小苏打脱硫+布袋除尘+BSNCR 生物钙剂脱硝	SDS 干法脱硫+布袋除尘	袋式除尘+喷雾干燥脱硫法+SCR 脱硝+低氮燃烧	SCR 脱硝+石灰石-石膏湿法脱硫+湿式电除尘	布袋除尘+干法脱硫+SCR 脱硝
CCPP	高效低氮燃烧 +煤气精脱硫	—	—	—	—	—	—	—	—

附录 3　钢铁行业超低排放 BAT 技术清单

1. 原料

（1）高效袋式除尘技术

（2）密封导料槽技术

（3）胶带机返程清理技术

2. 焦化工序

（1）袋式（滤筒）除尘技术

（2）焦炉煤气水解法精脱硫技术

（3）烟气循环流化床法脱硫技术

（4）焦炉烟气小苏打喷射干法脱硫技术

（5）烟气 SDS 脱硫技术+SCR 脱硝技术

（6）焦炉单孔炭化室压力调节技术

3. 烧结（球团）

（1）烧结机头（球团）四电场静电除尘技术

（2）烧结圆筒混合机废气混流伴热式布袋除尘技术

（3）烧结环冷机含尘废气耦合循环利用技术

（4）烧结机头（球团）烟气袋式除尘减污降碳技术

（5）基于碳氧重构的大型烧结机节能减排关键技术

（6）烟气湿法脱硫除尘直喷冷凝一体化技术

（7）烟气循环流化床脱硫技术

（8）烧结机头（球团）烟气活性炭（焦）吸附技术

（9）烧结机烟气循环技术

（10）烧结机头（球团）烟气 SCR 脱硝技术

4. 炼铁

（1）高炉热风炉节能高效脉冲袋式除尘技术

（2）高炉热风炉低温烟气余热利用协同除尘脱硫降碳技术

（3）高炉料罐均压放散全回收技术

（4）高炉煤气零放散技术

（5）低氮燃烧+SDS 脱硫+SCR 脱硝+覆膜滤料袋式除尘（四合一）技术

5. 炼钢

（1）超净节能转炉一次干法除尘技术

（2）转炉一次烟气 LT 干法除尘技术

（3）转炉一次全烟气过滤（DFP）超低排放技术

（4）转炉一次烟气新 OG 湿法技术+防爆型湿式电除尘技术

（5）转炉二次烟气高效节能袋式除尘技术

（6）电炉炉内排烟+密闭罩+屋顶罩+急冷+袋式除尘技术器

（7）钢渣处理湿式电除尘技术

（8）厂房平台固定式真空吸尘技术

6. 轧钢

（1）轧钢热处理炉 SDS 干法脱硫技术+SCR 脱硝技术

（2）加热炉无焰燃烧源头治理超低氮排放技术

（3）轧钢加热炉煤气反吹技术

（4）轧钢精轧机塑烧板除尘技术

7. 自备电厂

燃气锅炉脱硫脱硝一体化技术

中国钢铁工业协会节能环保工作委员会

2023 年 11 月 8 日发布并推广

Efforts and Results of the Ultra-low Emission Renovation of the Chinese Steel Industry

China Iron and Steel Association

Beijing

Metallurgical Industry Press

2025

Contributors to this Booklet

LIU Tao HUANG Dao FENG Chao

SU Changyong SUN Ning CHENG Hong

SONG Zan

Translated by

GUO Xiaohui

This booklet has received strong support from the China Environmental Protection Foundation.

Preface I

Over the course of the People's Republic's monumental 76-year journey, China's steel industry, under the strong leadership of the Communist Party of China, has risen from humble beginnings to global prominence, achieving remarkable feats that have attracted worldwide attention. It has played an indispensable role at every historical stage of China's standing up, growing prosperous, and becoming stronger. Since the 18th CPC National Congress, China's steel industry has been studying and implementing Xi Jinping Thought on Socialism with Chinese Characteristics for a New Era in depth, conscientiously implementing the relevant decisions and deployments of the CPC Central Committee and the State Council, adhering to the general principle of seeking progress while maintaining a stable development, and implementing the new development philosophy in a full, accurate and comprehensive manner. Focusing on the "1231" industry priorities[①], and solidly advancing the key "232" tasks[②], the industry has continuously achieved breakthroughs in high-quality development. Among them, the promotion and implementation of ultra-low emission renovation have achieved historic accomplishments recognized both domestically and internationally, as well as within and beyond the industry, reflecting the initiative and commitment of a major steel-producing nation, and contributing to the green and low-carbon transition of the steel industry and society at large, while offering Chinese solutions.

The *Report on the Work of the Government* of both 2018 and 2019, as well as the *Three-Year Action Plan for Winning the Blue Sky Defense Battle*, have consistently emphasized advancing ultra-low emissions in industries such as

---

① Focusing on one fundamental task: comprehensively enhancing industrial infrastructure capabilities and modernizing the industrial chain; adhering to two major development themes: green and low-carbon development, and smart manufacturing; addressing three key industry challenges: controlling capacity expansion, promoting industrial concentration, and ensuring resource security; advancing one critical process: continuously driving the internationalization of China's steel industry

② Two foundational actions: developing and promoting a new capacity governance mechanism and optimizing policy guidance for Merges and Acquisitions; three transformation programs: ultra-low emissions renovation program, ultimate energy efficiency program and digital transformation program; two industrial development plans: iron resource development plan and steel use expansion plan steel, accelerating the green upgrades and transformation of traditional manufacturing. In 2019, the official release of the *Opinions on the Promotion and Implementation of Ultra-Low Emissions in the Steel Industry* marked a pivotal moment for the industry. Over the years, China's steel industry has made remarkable progress in ultra-low emission renovation, with the prospect of completing such renovation for over 80% of the nation's crude steel capacity by the end of 2025 as planned. According to incomplete statistics, by the end of 2024, cumulative investments in ultra-low emission renovation by steel enterprises had exceeded 260 billion yuan; a total of 126 steel companies, representing 553 million tons of crude steel capacity, had completed full-process ultra-low emission renovation, and were publicly disclosed on the website of China Iron and Steel Association. Additionally, 168 million tons of crude steel capacity had completed partial renovation and undergone public disclosure. The steel industry had reduced pollutant emission intensity by more than half, revitalizing factory environments and producing a group of enterprises rated as Grade A in environmental performance and several 4A- and 3A-rated industrial tourism sites. With a strong sense of historical responsibility and sacrifice, China's steel industry has made outstanding contributions to improving national air quality and winning the "Blue Sky Defense Battle", adding a powerful steel force to the construction of a beautiful China.

China has established the world's most stringent ultra-low emission standards for the steel industry. In terms of the three main indicators of particulate matter, sulfur dioxide, and nitrogen oxide emission intensity, China's limits are nearly ten times stricter than those of some developed economies. In the process of promoting the implementation of ultra-low emissions, China's steel industry has developed and applied a large number of advanced and applicable environmental technologies, and generated a series of green technological innovations, which will lay a solid foundation for the sustainable and low-carbon development of the global steel industry. Through this green revolution, China's steel industry has emerged as a key contributor and leader in the global green and low-carbon development of the steel sector.

The promotion of ultra-low emissions in the steel industry has not only led to a remarkable transformation within the industry but also provided valuable methods, directions, and pathways for other traditional industries to achieve a green transition. The implementation of ultra-low emissions represents a new milestone in Chinese steel industry's green transformation, elevating the environmental performance, technology, and factory conditions in the industry to unprecedented levels and driving the entire industry's high-quality green development to a new level. Moreover, the successful implementation of ultra-low emissions in the steel industry has instilled confidence in the green transition of China's traditional manufacturing sector, offering replicable experiences and models.

Efforts and Results of the Ultra-low Emission Renovation of the Chinese Steel Industry systematically documents the policy background, the advancement process, and achievements of ultra-low emission initiatives. It summarizes the policy frameworks and technical measures, showcases exemplary corporate cases and engineering solutions, and vividly demonstrates Chinese steel industry's unwavering commitment, tremendous efforts, and notable accomplishments in the green and low-carbon transition. China's steel industry is willing to share its experiences with other sectors and global steel counterparts.

Amid fierce competition, those who strive take the lead; among countless challenges, the bold prevail. At present, green and low-carbon development is a central focus for the global steel industry. Facing the severe challenges of climate change, the steel industry—a major energy consumer and carbon emitter—must balance economic growth and industrial competitiveness while achieving a green transition. This is a critical issue not only for the industry but also for policymakers worldwide. Global synergy, collaboration, innovation, and knowledge-sharing in green and low-carbon development give us confidence in the steel industry's prospects of achieving the low-carbon transformation goal. We firmly believe that China's steel industry will play a vital role in addressing global climate challenges. China's steel industry stands ready to work hand in hand with the global steel community to contribute to a harmonious and beautiful planet.

Chairman of the Party Committee and Executive President of the
China Iron and Steel Association
HE Wenbo
March 2025 in Beijing

Preface II

Building an ecological civilization is a fundamental undertaking crucial to the sustainable development of the Chinese nation, where a sound ecological environment constitutes the most inclusive public good for the well-being of the people. Since the 18th CPC National Congress, the CPC Central Committee and the State Council have placed the construction of an ecological civilization at the forefront of national governance. The CPC Central Committee, with Comrade Xi Jinping at its core, has vigorously promoted innovation in ecological civilization theory, practice, and system, and put forward a series of new concepts, ideas, and strategies, forming Xi Jinping Thought on Ecological Civilization. The concept of green development has taken root in people's hearts. General Secretary Xi Jinping has repeatedly given important instructions on the prevention and control of air pollution and has personally promoted the overall acceleration of the air pollution control process. The State Council has successively issued the *Air Pollution Prevention and Control Action Plan*, the *Three-Year Action Plan for Winning the Blue Sky Defense Battle*, and the *Action Plan for Continuous Improvement of Air Quality*, and other important documents, which have taken on different historical missions during various historical periods, and propelled China's air pollution prevention and control to globally recognized achievements. Among them, the steel industry's ultra-low emission renovation has made outstanding contributions to air quality improvement. I have had the honor to participate in the entire process of planning China's air pollution control work, witnessing the steel industry's transformation from griminess to greenness and from disorder to rectification. As a "veteran in the iron and steel industry", I deeply feel that it has been painstaking and hard-earned.

The steel industry is a pillar of China's national economy, playing a significant role in modernization and economic development. However, rapid growth has led to concentrated industrial layouts and substantial pollutant emissions, making it a major factor affecting regional air quality. For instance, the five provinces and municipalities of Beijing, Tianjin, Hebei, Shandong, and Henan, which account for only 5.6% of the country's land area, produce 33% of the nation's steel and 19% of its coke. The emission intensity of major air pollutants per unit of land area in these regions is 3 to 4 times the national average. In 2018, among the 168 cities ranked for air quality, those ranked 2nd to 7th from the bottom were all among the top 20 steel-producing cities in China. None of the top 20 steel-producing cities met air quality standards, with their average $PM_{2.5}$ concentration 28% higher than the national average.

To resolutely win the battle for blue skies, the Ministry of Ecology and Environment, in collaboration with relevant departments, issued the *Opinions on the Promotion and Implementation of Ultra-low Emissions in the Steel Industry* in 2019, emphasizing comprehensive, systematic, and source-based governance, proposing full-process and all-encompassing transformation requirements for organized emissions, unorganized emissions, and clean transportation, aiming to achieve synergistic reductions in pollution and carbon emissions while enhancing efficiency. By the end of 2024, approximately 900 million tons of crude steel capacity nationwide had completed ultra-low emission renovation for the entire process or key projects, accounting for over 80% of the country's total crude steel capacity. These transformations have led to continuous improvements in air quality. Compared to 2018, the average $PM_{2.5}$ concentration in ten cities with concentrated steel production dropped by 25.6% in 2024, exceeding the national improvement rate. Hebei Province, a major steel-producing region, has seen all its cities previously ranked among the bottom ten in air quality drop off the list for three consecutive years, down from seven in 2013. The renovation have significantly elevated the green development level of the industry, reducing pollutant emissions by more than half, and achieving world-leading environmental performance. They have also contributed to a 1% to 2% reduction in carbon emissions. Enterprises have seen substantial improvements in environmental management and governance, with factory areas revitalized. The industrial structure has been further optimized, with a notable increase in the proportion of advanced production capacity. Ultra-low emissions have also significantly promoted the development of new productive forces in energy conservation and environmental protection, opening a rapid development pathway for new energy heavy-duty trucks. In 2024, cumulative sales of new energy heavy-duty trucks were approximately ten times higher than before the ultra-low emission renovation. Hebei Province, where the transformations were most concentrated, has ranked first in new energy heavy-duty truck sales nationwide for four consecutive years. The CPC Central

Committee and the State Council have highly recognized the work of ultra-low emissions, and General Secretary Xi Jinping fully affirmed the achievements of ultra-low emissions in the steel industry at the general assemblies of the members of the Two Academies and the National Conference on Ecological Environment Protection. After visiting the ultra-low emission iron and steel enterprises in China, Edwin Basson, director general of the World Steel Association, said that "China's steel industry has come to a level of cleanliness that no other country could achieve".

In recent years, taking ultra-low emissions as a key focus, we have implemented differentiated management to support superior enterprises and eliminate outdated capacities. This approach has fully unleashed green and advanced production capabilities, driving the green transformation and upgrading of the industry. As a result, we have produced some of the "cleanest" steel products in the world, achieving remarkable success. China Iron and Steel Association meticulously planned and organized the compilation of *Efforts and Results of the Ultra-low Emission Renovation of the Chinese Steel Industry*, systematically summarizing the achievements in ultra-low emission renovation within the steel industry and reflecting on the industry's green transformation. It serves as a valuable reference for the green transition and the development of traditional industries.

The achievements in ultra-low emissions are not the end, but a new beginning. Facing the new tasks of building a beautiful China and the "dual carbon" goals, as well as the new landscape of green, low-carbon, and high-quality transition in the steel industry, let us continue advancing hand in hand with pioneering innovation, working together to build a world-leading high-quality clean steel production system that is green and low-carbon.

Member of the 14th National Committee of the Chinese People's Political Consultative Conference, former Chief Engineer of the Ministry of Ecology and Environment

LIU Bingjiang

March 2025 in Beijing

Contents

Chapter 1

Background

1.1 The Launch of China's Anti-Smog Campaign

1.1.1 Smog Outbreaks on a Large Scale

Since the 21st century, China has made significant progress in industrialization, urbanization, and modernization, achieving remarkable economic and social development. However, the continuous increase in energy and resource consumption has led to severe ecological impacts. Regional air pollution characterized by inhalable particulate matter (PM_{10}) and fine particulate matter ($PM_{2.5}$) has become particularly prominent. In 2013, widespread haze engulfed nearly half of the country, with an average of 35.9 haze days, the highest in 52 years. According to the *Report on the State of the Environment in China 2013*, only 4.1% of the 74 cities in the first phase of monitoring met the ambient air quality standards for six pollutants, including SO_2, under the newly revised Ambient Air Quality Standards in 2012. Meanwhile, 256 cities still followed the old standards, with 69.5% meeting the standards. Among the three key regions for air pollution prevention and control (hereinafter referred to as "key regions"), none of the cities in the Beijing-Tianjin-Hebei region and the Pearl River Delta met the standards, and only Zhoushan in the Yangtze River Delta met the standards for all six pollutants. Air pollution has severely impacted public health and economic development.

1.1.2 Launch of "Tough Battle" Against Air Pollution

Since the 18th CPC National Congress, the CPC Central Committee with Comrade Xi Jinping as its core has placed the construction of ecological civilization in a prominent position in the governance of the country and has made air pollution control the primary task of ecological environmental protection. China has declared war on air pollution with unprecedented determination and vigor, starting a crucial decade of air pollution prevention and control.

In 2013, the State Council issued the *Air Pollution Prevention and Control*

Action Plan. By 2017, the air quality improvement targets outlined in the ten measures proposed in the *Air Pollution Prevention and Control Action Plan* had been fully achieved. In June 2018, the State Council released the *Three-Year Action Plan for Winning the Blue Sky Defense Battle*, aiming to significantly reduce the total emissions of primary air pollutants, collaboratively cut greenhouse gas emissions, further lower the concentration of fine particulate matter ($PM_{2.5}$), markedly decrease the number of heavy pollution days, substantially improve ambient air quality, and significantly enhance public satisfaction with blue skies over three years.

1.2 Active Responses from the Steel Industry

1.2.1 Achievements and Challenges in Air Pollution Prevention and Control in the Steel Industry Before Implementation of Ultra-low Emissions

Since the 11th Five-Year Plan period, China's steel industry has made positive progress in structural adjustment and layout optimization, as well as in air pollution control. In 2012, a series of emission standards for the sector were introduced, including Emission Standard of Air Pollutants for Sintering and Pelletizing of the Steel Industry, Emission Standard of Air Pollutants for Iron Smelt Industry, and Emission Standard of Air Pollutants for Steel Smelt Industry. The industry comprehensively implemented measures such as flue gas desulfurization for sintering machines, closure retrofitting of raw material yards, and upgrades to dedusting equipment. By 2017, the emissions of sulfur dioxide and particulate matter per ton of steel had decreased by 50% and 32%, respectively, compared to 2012. A comparison with international standards reveals that China's emission limits for certain pollutants, such as SO_2 and NO_x, are now stricter than those of foreign counterparts.

However, the steel industry remains a major sector in China's air pollution control efforts in key regions, which exhibits three primary characteristics. First, the industry is large in scale, resulting in significant emissions of atmospheric pollutants. Before the ultra-low emission standards were implemented, the emissions of particulate matter, SO_2, and NO_x accounted for approximately 12.4%, 9.6%, and 32.2% of the total industrial emissions, respectively. Additionally, unorganized emissions of particulate matter during storage, production, and transportation of bulk materials are a major issue, with their fugitive fume and dust emissions accounting for about 58.7% of the industry's total. Second, steel production is overly concentrated in key regions with limited environmental capacity. The Beijing-Tianjin-Hebei region and its surrounding areas, the Yangtze River Delta, and the Fenwei Plain collectively account for 55% of

China's national steel production capacity. This mismatch between industrial distribution and environmental capacity is a major contributor to air pollution in these regions. Third, the industry's process and structural optimization remains a challenge, complicating pollution control. China's steel production relies heavily on the Blast Furnace-Basic Oxygen Furnace (BF-BOF) route, while the cleaner and lower-carbon Electric Arc Furnace (EAF) route accounts for less than 10%. Many integrated steel mills operate with incomplete production chains, and there are an excessive number of independent coking plants. Over 85% of coke ovens in the "2+26" cities (key regions for coordinated air pollution control, including the two municipalities of Beijing and Tianjin, and 26 surrounding cities in Northern China) belong to independent coking businesses. Additionally, there are numerous independent steel rolling mills, with hundreds distributed across the "2+26" cities. This decentralized layout makes it impossible to achieve coordinated optimization of material flows and energy flows in steel manufacturing. Many steel enterprises still depend on road transport, leading to significant vehicle exhaust and dust pollution around plant areas.

1.2.2 Pioneering Ultra-low Emission Renovation Globally

With the full launch of the battle for blue skies, the steel industry has become a key battleground for air pollution prevention and control, making emission reduction a critical task, and ultra-low emissions have emerged as a necessary solution. Meanwhile, as national policies to address overcapacity and crack down on substandard steel products yield positive results, steel enterprises have seen significant improvements in profitability, ensuring a stable financial foundation to invest in retrofitting and upgrading environmental protection facilities and processes. Consequently, the time has come for steel enterprises to implement ultra-low emission renovation and address prominent ecological and environmental challenges.

China attaches great importance to the ultra-low emission renovation of the steel industry. In his report to the 19th National Congress of the Communist Party of China (CPC) on October 18, 2017, General Secretary Xi Jinping proposed to continue to implement actions to prevent and control air pollution, and win the battle for blue skies, and explicitly called for "raising the standards of pollution emission". The *Report on the Work of Government 2018* (March 30, 2018) emphasized the need to advance pollution prevention and control to achieve greater progress, promote the ultra-low emission renovation of industries such as iron and steel, raise the pollution emission standards, and enforce deadlines to meet the standards. The *Report on the Work of Government 2019* also proposed to accelerate the ultra-low emission renovation in thermal power and iron and steel industries. In June 2018, the Central Committee of the Communist Party of China (CPC) and the State Council issued the *Opinions on*

Comprehensively Strengthening Ecological and Environmental Protection and Resolutely Fighting the Tough Battle of Pollution Prevention and Control, which takes "promoting the ultra-low emission renovation in steel and other industries" as an important task to resolutely win the battle for blue skies. The *Three-Year Action Plan for Winning the Blue Sky Defense Battle* identifies promoting ultra-low emission renovation in industries such as iron and steel as a key component of deepening industrial pollution control. On April 29, 2019, the *Opinions on the Promotion and Implementation of Ultra-low Emissions in the Steel Industry* was released, officially kicking off the ultra-low emission renovation in the sector.

The ultra-low emission renovation in the steel industry is not only a crucial pathway for promoting green and low-carbon transition and achieving high-quality development, but also a vital support for winning the battle for blue skies and continuously improving air quality. Based on systematic preliminary research and thorough preparation, China took the lead globally in launching the ultra-low emission renovation project for the steel industry.

Chapter 2

Key Developmental Stages

2.1 Preliminary Research Phase (2013—2017)

2.1.1 Overview of Pollutant Emission Standards for China's Steel Industry

To promote the optimization and upgrading of the overall industrial structure of China's steel industry, facilitate the reduction of major pollutant emissions and the implementation of national environmental policies, the former Ministry of Environmental Protection issued a series of emission standards for the steel industry in June 2012. These include the Emission Standard of Air Pollutants for Sintering and Pelletizing of Steel Industry (GB 28662—2012), the Emission Standard of Air Pollutants for Ironmaking Industry (GB 28663—2012), the Emission Standard of Air Pollutants for Steelmaking Industry (GB 28664—2012), and the Emission Standard of Air Pollutants for Steel Rolling Industry (GB 28665—2012). The standards specify pollution control requirements for the entire process from metal smelting to the final production of steel products, significantly tightening the emission limits for particulate matter and sulfur dioxide while introducing emission limits for pollutants such as nitrogen oxides. Stricter special emission limits for air pollutants were also established for environmentally sensitive regions.

2.1.2 Development Process of Ultra-low Emission Policies in the Steel Industry

Before the issuance of the ultra-low emission policy in 2017, the emission standards for the steel industry had already been in effect for nearly five years, with existing enterprises adhering to the emission limits for new enterprises for over two years. The implementation of these standards significantly contributed to pollution prevention and emission reduction in the industry. However, the total volume of air pollutant emissions from the steel industry remained substantial, falling short of the emission standards required for China's thermal power sector at that time. Drawing on the successful experience of ultra-low emissions in the thermal power sector, the environmental authorities rigorously planned and formulated the ultra-low emission policy for the steel industry.

2.1.2.1 Preliminary Research on Ultra-low Emission Policy in the Steel Industry

(1) Production Process Flow and Pollution Discharge Nodes

The production process of iron and steel is characterized by long procedures, multiple stages, high resource and energy intensity, and complex physical and chemical transformations. In terms of steelmaking, the production methods can be divided into BF-BOF and EAF routes, while those of ironmaking include blast furnace and non-blast furnace approaches. Through detailed investigations in key regions, particularly in Hebei Province, which has the highest concentration of steel industries, the production processes, pollution emission nodes, and emission characteristics of the steel industry were identified. The atmospheric pollutant emissions from the steel industry feature numerous emission points, diverse pollutants, significant emission volumes, strong intermittency, substantial unorganized emissions, and recoverable value.

Although the ultra-low emissions in the thermal power industry had achieved significant pollution reduction by tightening emission limits, the preliminary research indicated that the production processes of steel enterprises differed substantially from those of the thermal power sector, making it impossible to directly adopt the same indicators.

The steel industry faced four major challenges in emission reduction. First, key emission sources, particularly the sintering process, contributed significantly to pollutant emissions. For instance, nitrogen oxide emissions from sintering machine heads accounted for approximately 70% of an iron and steel plant's total emissions. Second, the industry consumed large quantities of raw materials and had numerous dust-generating points. Unorganized emissions, such as dust from material yards, transportation, and smoke and dust escaped from workshops, were prominent issues. Third, iron and steel production involved heavy logistics, with massive material flows. Producing one ton of steel required 4 to 5 tons of external logistics transportation and 6 to 8 tons of internal logistics transportation. Transport-related pollutants and carbon emissions accounted for about 20% and 5% of a steel enterprise's total emissions, respectively. Fourth, most steel enterprises had relatively low environmental management standards, with pollution control facilities often lacking effective operation and maintenance.

(2) Formulation of Ultra-low Emission Limits and Management Measures

Based on the preliminary research, the main principles for developing the ultra-low emission policy were established early on, covering pollution sources across the entire production process, including organized and unorganized emission sources as well as transportation-related pollution, with a focus on control of key pollutants such as sulfur dioxide, nitrogen oxides, and particulate matter.

1) Principles for Setting Organized Emission Limits

Based on the operational conditions of the main production facilities and the compliance capability of existing pollution control technologies, the emission limits corresponding to currently feasible technologies were comprehensively considered. The organized emission indicators were preliminarily determined as follows: for sintering machine head flue gas and pellet roasting flue gas under a baseline oxygen content of 16%, the hourly average emission concentrations of particulate matter, sulfur dioxide, and nitrogen oxides shall not exceed 10mg/m^3, 35mg/m^3, and 50mg/m^3, respectively; for other major pollution sources, the hourly average emission concentrations of particulate matter, sulfur dioxide, and nitrogen oxides shall not exceed 10mg/m^3, 50mg/m^3, and 200mg/m^3, respectively.

To assess the feasibility of these indicators, the drafting team reviewed the environmental statistics from various provinces and cities in 2017, conducting a comprehensive analysis of emission data distribution from key processes and major discharge points. Analysis of the concentrations of particulate matter, sulfur dioxide, and nitrogen oxide from the supervisory monitoring data for sintering machine head flue gas pollutant under current standards revealed that, even before the ultra-low emission requirements were implemented, some enterprises already met the ultra-low emission limits for certain pollutants. Specifically, for sintering machine heads, 26.85% of the samples met the ultra-low emission limit for sulfur dioxide, while the proportions for particulate matter and nitrogen oxides were 4.08% and 7.21%, respectively. For sintering machine tails, 10.13% of the supervisory monitoring samples from enterprises complied with the ultra-low emission limits (see Figure 2-1).

The purpose of the research was to establish limits that are both advanced and achievable.

2) Principles for Formulating Unorganized Emission Management and Control Measures Given the current characteristics of the unorganized emissions from steel enterprises, it was planned to implement management and control in six dimensions:

① Material Transport Optimization: to streamline logistics within the plant to minimize unnecessary rehandling of materials.

② Bulk Material Management: Lime, dedusting ash, desulfurization ash, fly ash, and other bulk materials should be transported by sealed transportation methods such as tubular belt conveyors, pneumatic conveying equipment, or tank

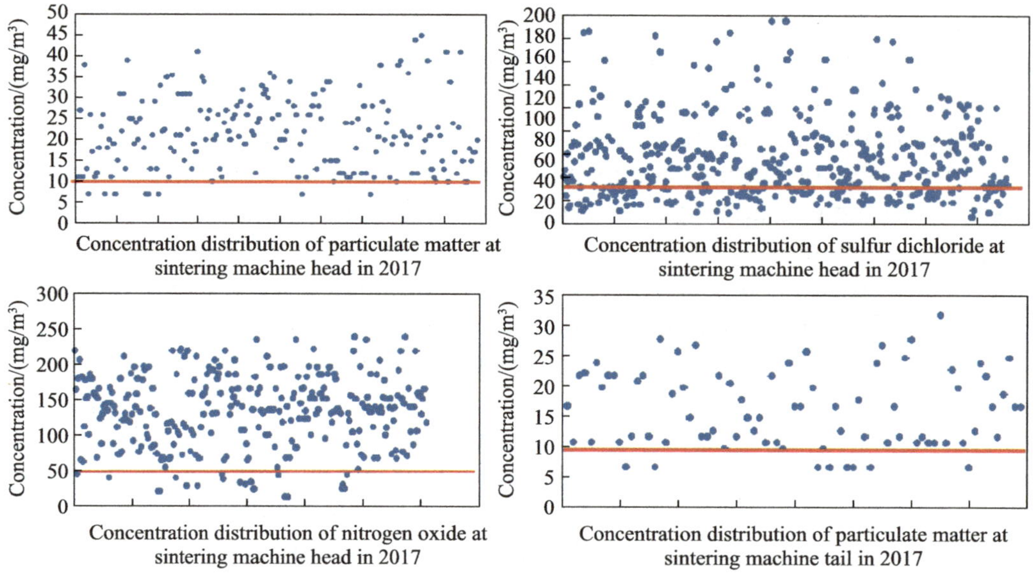

Figure 2-1 Concentration Distribution of Key Organized Emission Indicators

trucks, and stored in sealed silos or tanks etc.; bulk materials such as iron ore, coal, coke, sinter, pellets, limestone, dolomite and ferroalloys, and waste residues such as blast furnace slag, steel slag, and desulfurization gypsum should be transported via enclosed or sealed methods like covered belt conveyors, enclosed containers, or tubular belt conveyors, and should be stored in enclosed silos, warehouses, or sheds etc.; for materials requiring truck transport, enclosed containers or tight covers must be used, with dust suppression measures like wetting during loading and unloading.

③ Dust Extraction at Discharge Points: All material discharge points, crushing and screening equipment should be equipped with hoods and dust extraction systems or spray-based dust suppression measures.

④ Workshop Enclosure: Production facilities such as sintering machines and pelletizing shaft furnaces, as well as blast furnace cast house and steel slag treatment facilities, should be enclosed; steelmaking workshops should have roof hoods, and major production workshops like steelmaking and rolling should be fully enclosed.

⑤ Process Management: Gas collection and dust extraction systems should be installed at key dust-generating points, including sintering machine tails, annular coolers, machine-side mouth of coke ovens, blast furnace top charging, ore bins, tapholes, hot metal ladles, iron runners, slag runners, hot metal pretreatment in steelmaking, refining furnaces, electric furnaces, lime kilns, and dolomite kilns.

⑥ Coking VOC Collection: The organic waste gas from various storage tanks (or vessels) in the primary cooling and blowing system of the coke oven gas purification system, as well as tar and benzene storage tanks (or vessels) in other areas, should be connected to the pressure balancing system or collected for purification treatment; phenol-cyanide wastewater pretreatment facilities (e.g., equalization tanks, flotation ponds, oil separating tanks) must be covered and equipped with waste gas collection and treatment systems; leak detection and repair (LDAR) should be conducted for equipment and pipelines.

In response to the lack of detailed definitions for unorganized emission management in the environmental policies for the steel industry and other sectors, clear definitions were established for unorganized emission control requirements for the first time, which would serve as a reference for future enterprise upgrades and environmental law enforcement, as follows.

Sealed: A state or operational method where materials do not come into contact with ambient air, or are isolated from ambient air through sealing materials or equipment.

Enclosed: A state or operational method where materials or workspaces are separated from surrounding areas using complete enclosing structures. Sealing treatment is not required for joint gaps in the enclosing structures, and auxiliary facilities, such as doors, windows, covers, and maintenance openings, should remain closed when not in use.

Semi-enclosed: A state or operational method where materials or workspaces are partially shielded by incomplete enclosing structures.

3) Clean Transportation and Monitoring

In addition to stationary pollution sources, the steel industry also generated significant emissions from mobile sources, which had not been thoroughly addressed in previous standards and policies. To tackle this, it was planned to maximize the use of existing dedicated railway lines and construct new ones to improve connections to main rail networks to enhance rail capacity; efforts would also be made to accelerate the integration of rail-sea intermodal transportation and the modal shift from road to rail; for short-distance bulk material transport, sealed methods such as pipelines or tubular belt conveyors would be strongly promoted. Within plant areas, non-road mobile machinery must use clean or new energy sources.

Regarding monitoring and surveillance, preliminary surveys revealed that most steel enterprises had relatively low environmental management standards, with pollution control facilities lacking effective operation and maintenance mechanisms. To address this, a three-tier monitoring system would be implemented to uphold the principle of self-compliance verification.

① Automatic monitoring: Automatic monitoring facilities should be installed at the sinter machine head, sinter machine tail, pellet roasting, coke oven chimney, coal charging ground station, coke pushing ground station, dry quenching ground station, blast furnace ore bunker, blast furnace cast house, hot metal pretreatment, secondary converter flue gas, electric furnace flue gas, lime kiln, dolomite kiln, rolling mill heat treatment furnace using producer gas, and captive power station exhaust stacks.

② Process monitoring: The aforementioned pollution sources should be equipped with a distributed control system (DCS) for environmental protection to record key operational parameters of the enterprise's environmental protection facilities.

③ Video monitoring: High-definition video surveillance should be installed at dust-prone areas such as material yard entrances and exits, coke oven body, sintering ring cooling area, blast furnace ore bunker and top area, and steelmaking workshop roof. Air quality monitoring micro-stations should be set up around major dust-generating points and along transport roads to monitor particulate matter and other control conditions. Steel enterprises must establish an access control system and a video surveillance system to monitor vehicle entry and exit in the plant area.

2.1.2.2 Release of the Ultra-low Emission Draft for Public Consultation

In March 2018, the drafting team began preparing the initial draft of the ultra-low emission renovation plan for steel enterprises. On March 23, a symposium was organized with representatives from the industry, enterprises, and environmental management authorities. After repeated discussions and revisions by experts from institutions such as the Appraisal Center for Environment and Engineering of the Ministry of Ecology and Environment, the Chinese Academy of Environmental Planning, China Metallurgical Industry Planning and Research Institute, and the Environmental Standard Institute of the Ministry of Ecology and Environment, the draft for public consultation was finalized by late April. On May 7, the Ministry and Ecology and Environment issued the *Letter on Soliciting Opinions on the 'Work Plan for Ultra-low Emission Renovation of Steel Enterprises (Draft for Opinion)'*, seeking feedbacks from relevant departments within the ministry, the National Development and Reform Commission, the Ministry of Industry and Information Technology, the Ministry of Finance, the Ministry of Transport, provincial-level environmental authorities, the China Iron and Steel Association, the China Coking Industry Association, the China Foundry Association, and the China State Railway Group. Meanwhile, it was released for public consultation.

2.1.2.3 Release of the Final Draft of the Ultra-low Emission Plan

On April 29, 2019, the Ministry of Ecology and Environment, the National Development and Reform Commission, the Ministry of Industry and Information Technology, the Ministry of Finance, and the Ministry of Transport jointly issued the *Opinions on the Promotion and Implementation of Ultra-low Emissions in the Steel Industry* (hereinafter referred to as the *Opinions*). This marked the official commencement of ultra-low emission renovation for steel enterprises nationwide. Ultra-low emissions are highly advanced in the steel industry and in the whole industrial sector, achieving five "firsts".

For the first time, requirements were put forward for source management and process control in the steel industry. Given its lengthy production processes, complex techniques, and the significant impact of raw materials and manufacturing steps on final emissions, the *Opinions* gives due consideration to giving priority to reducing pollutant emissions through source management and process control measures such as technological upgrading, deep desulfurization of coal gas, low-NO_x combustion, flue gas recirculation, and unorganized emissions control. Byproducts like blast furnace gas and coke oven gas serve as primary fuels for hot blast stoves and heat treatment furnaces for steel rolling in iron and steel plants. However, these gases contain high levels of hydrogen sulfide and organic sulfur, leading to elevated sulfur dioxide emissions after combustion. Each steel enterprise operates anywhere from a dozen to over a hundred such furnaces. Relying solely on end treatment would necessitate constructing numerous desulfurization and denitrification facilities, resulting in excessive capital investment, operational challenges, and large quantities of desulfurization byproducts. To address this, the *Opinions* recommends implementing deep desulfurization for blast furnace and coke oven gases, along with adopting low-NO_x combustion technology for hot blast stoves and heat treatment furnaces for steel rolling, thereby achieving pollution control at the source.

For the first time, process restructuring was proposed for pollution reduction. Compared with the BF-BOF route, the EAF route eliminates the iron ore-to-molten iron stage, giving the EAF-based steelmaking a distinct green and low-carbon advantage. This makes it a key technological pathway for the steel industry to synergize the reduction of pollution and carbon emissions. In the U.S., the share of EAF steelmaking had already exceeded 50% by 2002, while in Europe, it reached 41.5% during the same period. In contrast, the proportion of EAF steelmaking in China remained below 10% as late as 2016. The *Opinions* explicitly encourages the transition of integrated steel mills to mini-mills to reduce emissions and meet ultra-low emission standards through process restructuring.

For the first time, industry-specific transport requirements were introduced.

The steel industry, being one of the largest sectors in terms of freight volume, requires five times the external transportation volume for every ton of crude steel produced. Based on this calculation, the industry's freight volume exceeds 4 billion tons, accounting for approximately one-tenth of the national total. To address pollution emissions from transportation, particularly the need to adjust the transportation structure, it is essential to focus on production enterprises as key drivers of implementation. In this context, the *Opinions* specifies clear requirements for the clean transportation of bulk materials and products in the steel industry. This initiative aligns with the objectives outlined in the *Three-Year Action Plan for Winning the Blue Sky Defense Battle*, the *Three-year Action Plan for Promoting the Adjustment of Transport Structure (2018—2020)*, and the *Action Plan for Fighting the Tough Battle of Pollution Prevention and Control of Diesel Trucks*, which advocate for "a significant increase in the proportion of railway freight" and the "shift from road to rail transport". These measures aim to compel local governments and steel enterprises to accelerate the adjustment of transportation structures, thereby effectively reducing pollutant emissions.

For the first time, clear requirements were established for managing unorganized emissions in the steel industry. Since the 12th Five-Year Plan period, the steel industry had vigorously implemented dedusting retrofitting and sintering flue gas desulfurization projects to address air pollution. As a result, sulfur dioxide emissions per ton of steel and dust emissions per ton of steel had decreased by 50% and 32%, respectively. While organized emissions had significantly declined, unorganized emissions had become increasingly prominent in the industry. "The steel industry handles large volumes of materials, with numerous particulate materials and dust-generating points. Issues such as stockyard dust, transportation dust, and flue dust escaping from workshops are particularly severe, with unorganized emissions of particulate matter accounting for over 50% of the industry's total pollutant emissions". The *Opinions* categorizes unorganized emissions into three types for control: material storage, material transportation, and production processes, with the priority given to effective measures such as sealing and enclosing. For unavoidable dust-generating points, exhaust gas collection capacity must be comprehensively enhanced to ensure full capture, with no visible smoke or dust escaping from these points or workshops, to achieve ultra-low unorganized emissions. Additionally, the *Opinions* provides clear definitions for measures such as sealing, enclosing, sealed storage, sealed transportation, enclosed storage, enclosed transportation, and enclosed workshops, facilitating implementation by enterprises and oversight by regulatory authorities.

For the first time, oxygen content standards for sintering and pelletizing were established. The emission standards for air pollutants in the iron and steel sintering (pelletizing) industry at the time did not specify a baseline oxygen content for flue gas. Investigations revealed that some enterprises engaged in dilution emissions. According to operational data from equipment, the oxygen content in flue gas fat sintering machine heads in steel enterprises typically averaged around 16%. However, some enterprises reported levels as high as 18% to 19%. If the same measured concentration is converted to a uniform baseline oxygen content, the calculated concentration can differ by approximately twofold. To address this, the *Opinions* sets the baseline oxygen content for sintering machine head flue gas at 16%. As regards pelletizing flue gas oxygen content, the Ministry of Ecology and Environment analyzed hourly average data from online monitoring systems of 121 pellet production lines nationwide, totaling 1.06 million data points. The findings indicated that the oxygen content in pellet shaft furnace flue gas primarily ranged from 15% to 18%, with an average of 16.5%. For the grate-kiln flue gas, the oxygen content mainly fell between 16% and 19%, averaging 17.7%. In the case of belt-type pellet roasting machine flue gas, the oxygen concentration was predominantly within 17% to 20%, with an average of 18.5%. Based on field research and given the characteristics of different process equipment, the *Opinions* scientifically sets the baseline oxygen content for shaft furnaces at 16%, and that for belt-type roasting machines and grate-kiln systems at 18%.

2.2 Pilot Launch Phase (2018—2019)

2.2.1 Formulation of the *Notice on Doing a Good Job in Assessing and Monitoring the Ultra-low Emissions of Steel Enterprises*

To implement the requirements of the *Opinions*, promote high-quality and orderly ultra-low emission renovation, prevent substandard projects, standardize assessing and monitoring procedures for steel enterprises, and unify the criteria and methods for ultra-low emission verification, the Ministry of Ecology and Environment drafted and issued the *Notice on Doing a Good Job in Assessing and Monitoring the Ultra-low Emissions of Steel Enterprises* (hereinafter referred to as the *Notice*) along with its annex, the *Technical Guidelines for Ultra-low Emission Assessment and Monitoring in Steel Enterprises*.

The *Notice* establishes for the first time an industry-wide assessing and monitoring process. After completing ultra-low emission renovation and maintaining stable operation for one month, steel enterprises may conduct self-assessments or commission qualified monitoring agencies and competent technical institutions to perform assessment and monitoring on organized emissions, unorganized emissions, and bulk material transportation in accordance with the *Technical Guidelines for Ultra-low Emission Assessment and Monitoring for Steel Enterprises*. Enterprises that meet ultra-low emission standards through assessment and monitoring must submit their assessment and monitoring reports to municipal-level ecological and environmental authorities.

The *Notice* also designates enterprises as the primary responsible parties for ultra-low emission assessment and monitoring, requiring steel enterprises to implement ultra-low emission renovation with a focus on steady progress, prioritizing quality over speed, and carry out phased assessment and monitoring. It specifies that local ecological and environmental departments must adopt mid- and post-implementation supervision measures. Enterprises confirmed to meet ultra-low emission standards should be included in a dynamic management list and subjected to differentiated management. Strengthened mid- and post-supervision involves reviewing data from CEMS (Continuous Emission Monitoring Systems), video surveillance, access control systems, micro air quality stations, and satellite remote sensing, as well as conducting dual-random inspections (random selection of both inspected entities and inspection teams) on ultra-low emission-compliant enterprises. Enterprises failing to maintain stable compliance will be removed from the dynamic management list and have their corresponding preferential policies cancelled; those involved in illegal emissions will face legal penalties; the steel enterprises and relevant assessing and monitoring agencies found engaging in fraudulent practices will be subject to intensified joint disciplinary measures.

2.2.2 Progress of Pilot Enterprises' Assessment and Monitoring Work

While formulating the *Notice on Doing a Good Job in Assessing and Monitoring the Ultra-low Emissions of Steel Enterprises* and its annex, the *Technical Guidelines for Ultra-low Emission Assessment and Monitoring in Steel Enterprises*, the Ministry of Ecology and Environment selected Qian'an Iron and Steel Company of Shougang Group (referred to as Qian'an Steel) as a pilot, as it had largely completed ultra-low emission renovation. The Ministry organized the China National Environmental Monitoring Center, the Metallurgical Industry Planning and Research Institute, and the Appraisal Center for Environment and Engineering of the Ministry of Ecology and Environment to carry out ultra-low emission assessment and monitoring for organized emissions, unorganized emissions, and clean transportation modes.

The issues identified in the pilot enterprise and its work progress are as follows.

A large number of organized emission outlets. A typical integrated iron and steel enterprise generally has hundreds of emission outlets, which are dozens or even hundreds of times more than those of thermal power, cement, and glass enterprises. Additionally, the composition of flue gas is complex. The pilot enterprises, Qian'an Steel, had 183 organized waste gas emission outlets, among which 110 were pollution sources specified in the ultra-low emission index limit table for steel enterprises. Given the large number of similar pollution sources in steel enterprises, the pilot project selected a total of 60 representative pollution sources (one set of equipment was selected for monitoring where the production equipment was of the same scale, equipped with identical pollution control facilities, treatment technology, and capacity) for on-site monitoring, and conducted comparison for all 32 sets of CEMS. The monitoring frequency was three days for major emission outlets and one day for other outlets. The National Environmental Monitoring Station organized monitoring stations, including Baosteel Monitoring Station and Tianjin Monitoring Station, to conduct organized emission monitoring for three months with a total of 1,300 person-times, of which the on-site surveys and preliminary assessments, on-site monitoring and laboratory analysis, and report preparation took approximately one month each.

Multiple unorganized emission sources. The unorganized emissions in steel enterprises are characterized by a large number of emission sources, scattered distribution, small single sources, and large total volume. These emissions occur across various processes, including raw material handling, sintering, pelletizing, coking, ironmaking, steelmaking, and rolling. A single sintering or ironmaking workshop alone may contain over a hundred unorganized emission points. During on-site assessments, three teams of nine members each conducted a month-long evaluation. The team inspected 2,270 points across the plant to verify compliance with unorganized emission control measures. They assessed the operational status and effectiveness of the dust suppression facilities and pollution control equipment at material yards, analyzed historical data such as current, voltage, and airflow from 100 dust collectors, and randomly sampled the airflow velocity of exhaust gas capture devices at 19 belt conveyor heads and tails.

Substantial volume of material and product transportation. The steel industry is one of the largest sectors in terms of freight transport, with four to five times the amount of external transport required to produce one ton of crude steel. In the case of a steel company, for example, its crude steel production in 2018 was 7.96 million tons, with 32.52 million tons of bulk materials and products transported in and out of the plant, all by heavy-duty diesel trucks, averaging 2,227 trips per day. In 2018, Qian'an Steel transported 24.36 million tons of bulk materials and products. With an 80% clean transportation ratio maintained, the daily heavy truck transport volume reached 330 trips. The assessment team verified the authenticity of the transport ledger by checking a sample of one month's train transport-related bills and production-related accounts, and calculated the proportion of clean transportation over three consecutive months based on the transport ledger.

To address the aforementioned challenges and critical issues, Qian'an Steel pioneered stable ultra-low emission technology for key emission sources, whole-process system-integrated ultra-low emission technology, and an integrated Monitoring-Control-Treatment framework for unorganized emissions, explored and established an ultra-low emission technological framework for the whole process, and implemented 70 retrofitting projects with a total investment of 1.5 billion yuan. After a year of intensive work, all the identified issues were successfully resolved. As evaluated by the assessment units, Qian'an Steel became the first to meet the ultra-low emission requirements. Specifically, in terms of unorganized emissions, manual monitoring data from all 60 emission outlets complied with ultra-low emission limits. Control measures for unorganized emissions in material storage, transportation, and production processes were fully met, and the clean transportation ratio exceeded 80%.

2.2.3 Preparation of Technical Guide for Transformation

After the release of the *Opinions*, steel enterprises across various regions actively responded to the policy requirements and implemented a series of environmental retrofitting projects. However, the progress at that stage showed that as the requirements of the *Opinions* were relatively macroscopic with no detailed elaboration on how to implement the relevant requirements, enterprises did not have a good understanding of the selection of organized emission technology pathways, requirements for unorganized emission control measures, clean transportation standards, and monitoring and surveillance mentioned in the *Opinions*, which had led to a certain gap between the technical routes, design parameters, and control requirements of some enterprises' treatment facilities and the requirements of the *Opinions*. The effect of emission reduction was difficult to meet expectations. Therefore, it was necessary to timely summarize the experiences of steel enterprises in ultra-low emission renovation projects that had been publicly disclosed and compile the *Technical Guide for Ultra-low Emission Renovation for Steel Enterprises* to serve as a reference for steel enterprises in implementing ultra-low emission renovation, and provide technical support for the steel industry to achieve high-quality ultra-low emissions and contribute to winning the battle for blue skies.

The China Association of Environmental Protection Industry and its Metallurgical Environmental Protection Professional Committee organized institutions such as the China Metallurgical Industry Planning and Research Institute, the

Appraisal Center for Environment and Engineering of the Ministry of Ecology and Environment, and the China National Environmental Monitoring Center to provide detailed explanations on various aspects, including production facility retrofitting, selection of control technologies, design parameters for control measures, centralized management platform construction, and vehicle replacement requirements from the perspective of source emission reduction, organized emission control, unorganized emission control, clean transportation, and other regulatory requirements.

The *Guide* served as a voluntary technical reference document rather than a mandatory standard. Steel enterprises and local regulatory authorities might refer to them based on local ecological and environmental management needs and specific operational conditions of enterprises. Steel enterprises, environmental protection firms, and research institutions were encouraged to conduct technological research and development, adopt new techniques, processes, and equipment to achieve ultra-low emissions. The processes, technologies, and related parameters mentioned in the *Guide* were derived from successful operational cases of ultra-low emission renovation in existing steel enterprises. By summarizing the experience of stable operational cases, the *Guide* aimed to provide practical references for enterprises to undertake ultra-low emission renovation.

2.3 Priority Implementation Phase (2020—2022)

Starting in 2020, China's steel industry entered the priority implementation phase for ultra-low emission renovation. The Ministry of Ecology and Environment strengthened policy guidance and technical support, while supporting China Iron and Steel Association in innovating a public disclosure mechanism for ultra-low emission renovation. Local governments at all levels implemented differentiated control measures tailored to regional conditions. Through multi-party collaboration, significant progress was achieved in advancing ultra-low emission renovation in the steel industry.

2.3.1 Ministry of Ecology and Environment Strengthening Guidance and Support

In advancing ultra-low emissions, the Ministry of Ecology and Environment established a monthly progress review mechanism to enhance guidance and assistance for provinces, cities, and key enterprises. It also conducted specialized research on critical issues to facilitate the high-quality implementation of ultra-low emission renovation by enterprises.

2.3.1.1 Establishing a Monthly Progress Review Mechanism

The Ministry of Ecology and Environment established a monthly progress review mechanism for ultra-low emission renovation in the steel industry, tracking the progress of ultra-low emission renovation projects in integrated steel plants across provinces each month to promptly identify challenges faced by local authorities, and provide targeted guidance for key regions and issues. It leveraged organizations such as China Iron and Steel Association to convene promotion meetings for ultra-low emission renovation and conducted on-site inspections, guidance, and assistance at steel enterprises. In collaboration with the Sichuan Provincial People's Government and the Ministry of Industry and Information Technology, the Ministry of Ecology and Environment organized the National EAF route Steelmaking Promotion Conference, supporting Sichuan Province in pioneering trials and implementing the high-quality development initiative for EAF route steelmaking, and encouraging enterprises to reduce pollutant emissions through technological retrofitting to meet ultra-low emission requirements.

2.3.1.2 Establishing a Regular Consultation Mechanism

The Department of Atmospheric Environment under the Ministry of Ecology and Environment held periodic consultations with China Iron and Steel Association to jointly promote ultra-low emission renovation in the steel industry. They also conducted specialized studies to address prominent and challenging issues. For instance, regarding the difficulty in high furnace gas desulfurization—a key challenge in ultra-low emission renovation—relevant units and experts were organized to visit multiple steel enterprises. They investigated the application of desulfurization technologies and the operational status of the equipment, advanced the research and development of related techniques to support source control of high furnace gas, and coordinated pollution-carbon reduction. To encourage the phasing out of outdated techniques, statistics were collected on the usage and environmental management of stepping-type sintering machines across regions, and the ultra-low emission disclosure requirements for such equipment were clarified.

2.3.2 Industry Association Setting Up an Innovative Public Disclosure Mechanism

To strengthen the positive guidance of advanced enterprises and establish industry benchmarks for ultra-low emissions, China Iron and Steel Association, under the support and guidance of the Ministry of Ecology and Environment, leveraged its platform to organize peer reviews by industry experts on the ultra-low emission assessment and monitoring results of steel enterprises. These results were then publicly disclosed on the Association's website to ensure transparency and public oversight, thereby guiding the high-quality implementation of ultra-low emission renovation in the steel industry (see Figure 2-2).

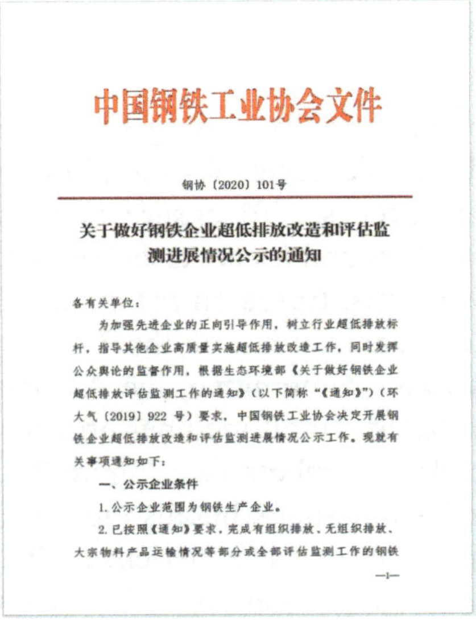

中国钢铁工业协会文件

钢协〔2020〕101号

关于做好钢铁企业超低排放改造和评估监测进展情况公示的通知

各有关单位：

为加强先进企业的正向引导作用，树立行业超低排放标杆，指导其他企业高质量实施超低排放改造工作，同时发挥公众舆论的监督作用，根据生态环境部《关于做好钢铁企业超低排放评估监测工作的通知》（以下简称“《通知》”）（环大气〔2019〕922 号）要求，中国钢铁工业协会决定开展钢铁企业超低排放改造和评估监测进展情况公示工作。现就有关事项通知如下：

一、公示企业条件

1. 公示企业范围为钢铁生产企业。

2. 已按照《通知》要求，完成有组织排放、无组织排放、大宗物料产品运输情况等部分或全部评估监测工作的钢铁

—1—

Figure 2-2 Relevant Document from China Iron and Steel Association Regarding Organization of Public Disclosure and Screenshot of Website Announcement

2.3.2.1 Establishing a Rigorous and Standardized Public Disclosure Process

A standardized review process for ultra-low emission renovation public disclosure was established, consisting of the following five steps:

(1) Enterprise Application: Eligible enterprises might voluntarily submit disclosure applications by providing complete documentation as required.

(2) Formal Review: The Secretariat of the Environmental Protection and Energy Conservation Working Committee of China Iron and Steel Association (affiliated with the Development, Technology, and Environmental Protection Department) conducted a compliance review to ensure the completeness and conformity of the submitted materials.

(3) Report Evaluation: China Iron and Steel Association organized expert technical reviews and designated a lead review unit. Enterprises must address review feedback and submit rectification reports, which would then be verified by the expert panel before proceeding to the next step.

(4) On-site Verification: China Iron and Steel Association arranged expert teams to conduct field inspections, generating on-site verification opinions to confirm consistency between the transformation projects and the submitted documentation.

(5) Submission for Public Disclosure: China Iron and Steel Association compiled and submitted the complete set of materials, including enterprise applications, expert review opinions, rectification reports, and on-site verification findings, to the Ministry of Ecology and Environment.

2.3.2.2 Establishing a Comprehensive and Professional Team of Review Experts

China has over 400 steel enterprises with smelting capacity, posing significant challenges such as heavy assessment tasks and tight deadlines for the ultra-low emission assessment and monitoring disclosure process. To ensure both the quality and efficiency of the review work, China Iron and Steel Association focused on building a specialized team of review experts. Based on recommendations from the lead organizations and co-lead organizations of the Environmental Protection and Energy Conservation Working Committee, the Association further expanded its recruitment of review experts to all member organizations, establishing an expert database with over 100 members (see Figure 2-3). This database included not only authoritative industry experts but also technical professionals from steel enterprises with extensive practical experience. Their diverse perspectives ensured rigorous scrutiny and the reliability of ultra-low emission renovation results. Additionally, the Association implemented an expert commitment system, requiring participating experts to sign a pledge to uphold standardized and impartial review processes.

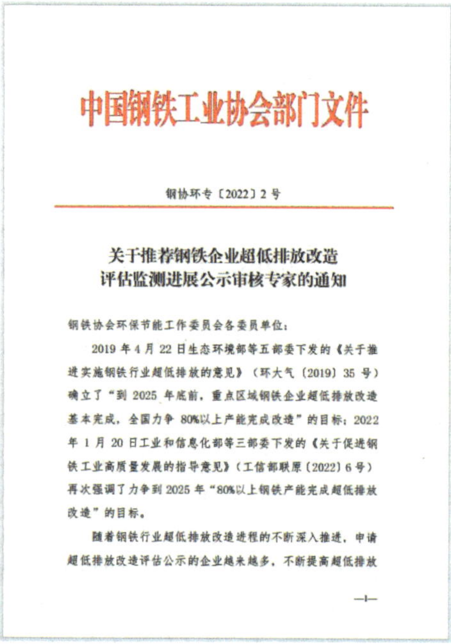
中国钢铁工业协会部门文件

钢协环专〔2022〕2 号

关于推荐钢铁企业超低排放改造
评估监测进展公示审核专家的通知

钢铁协会环保节能工作委员会各委员单位：

2019 年 4 月 22 日生态环境部等五部委下发的《关于推进实施钢铁行业超低排放的意见》（环大气〔2019〕35 号）确立了“到 2025 年底前，重点区域钢铁企业超低排放改造基本完成，全国力争 80%以上产能完成改造”的目标；2022 年 1 月 20 日工业和信息化部等三部委下发的《关于促进钢铁工业高质量发展的指导意见》（工信部联原〔2022〕6 号）再次强调了力争到 2025 年“80%以上钢铁产能完成超低排放改造”的目标。

随着钢铁行业超低排放改造进程的不断深入推进，申请超低排放改造评估公示的企业越来越多，不断提高超低排放

—1—

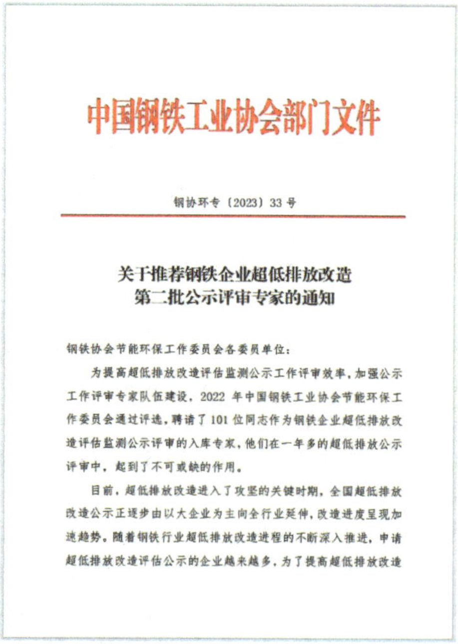
中国钢铁工业协会部门文件

钢协环专〔2023〕33 号

关于推荐钢铁企业超低排放改造
第二批公示评审专家的通知

钢铁协会节能环保工作委员会各委员单位：

为提高超低排放改造评估监测公示工作评审效率，加强公示工作评审专家队伍建设，2022 年中国钢铁工业协会节能环保工作委员会通过评选，聘请了 101 位同志作为钢铁企业超低排放改造评估监测公示评审的入库专家，他们在一年多的超低排放公示评审中，起到了不可或缺的作用。

目前，超低排放改造进入了攻坚的关键时期，全国超低排放改造公示正逐步由以大企业为主向全行业延伸，改造进度呈现加速趋势。随着钢铁行业超低排放改造进程的不断深入推进，申请超低排放改造评估公示的企业越来越多，为了提高超低排放改造

Figure 2-3 Relevant Documents from China Iron and Steel Association Regarding Establishment of Expert Database

2.3.2.3 Establishing a Precise and Scientific Evaluation Model

The expert review employed a dual-verification mechanism combining document assessment and on-site inspection (see Figure 2-4). On the one hand, technical reviews were conducted on the submitted materials, including ultra-low emission evaluation reports and work summaries. On the other hand, priority was given to field investigations to comprehensively verify the implementation of the retrofitting projects. This integrated approach of "combining written reviews with on-site validation" not only ensured the authenticity and reliability of data but also enhanced the effectiveness of process control, significantly improving the scientific rigor and authority of the evaluation work.

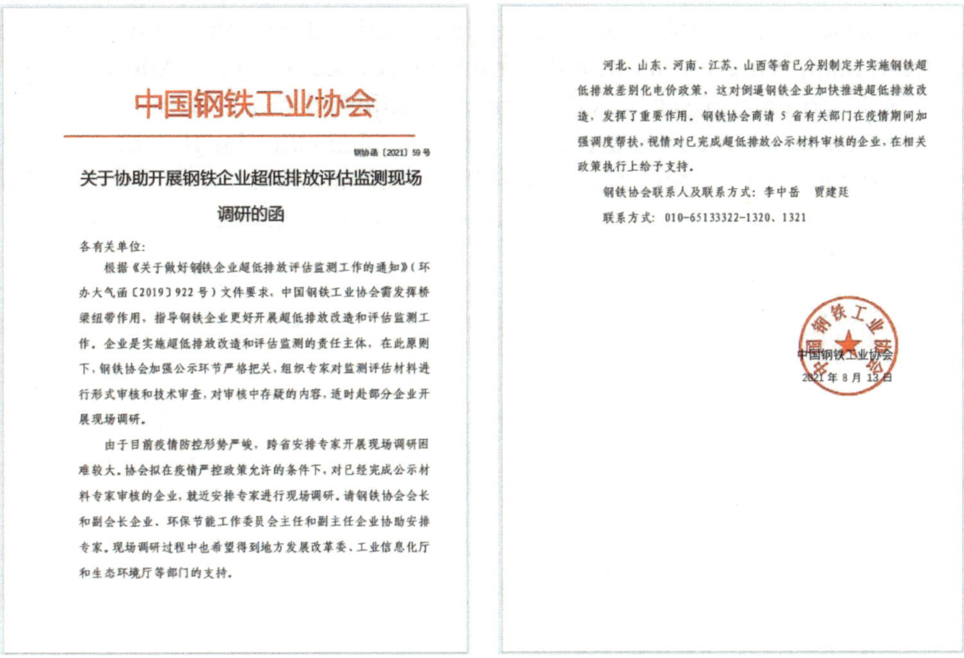
中国钢铁工业协会

钢协函〔2021〕59号

关于协助开展钢铁企业超低排放评估监测现场调研的函

各有关单位:

根据《关于做好钢铁企业超低排放评估监测工作的通知》(环办大气函〔2019〕922号)文件要求，中国钢铁工业协会需发挥桥梁纽带作用，指导钢铁企业更好开展超低排放改造和评估监测工作。企业是实施超低排放改造和评估监测的责任主体，在此原则下，钢铁协会加强公示环节严格把关，组织专家对监测评估材料进行形式审核和技术审查，对审核中存疑的内容，适时赴部分企业开展现场调研。

由于目前疫情防控形势严峻，跨省安排专家开展现场调研困难较大。协会拟在疫情严控政策允许的条件下，对已经完成公示材料专家审核的企业，就近安排专家进行现场调研。请钢铁协会会长和副会长企业、环保节能工作委员会主任和副主任企业协助安排专家。现场调研过程中也希望得到地方发展改革委、工业信息化厅和生态环境厅等部门的支持。

河北、山东、河南、江苏、山西等省已分别制定并实施钢铁超低排放差别化电价政策，这对倒逼钢铁企业加快推进超低排放改造，发挥了重要作用。钢铁协会商请5省有关部门在疫情期间加强调度帮扶，视情对已完成超低排放公示材料审核的企业，在相关政策执行上给予支持。

钢铁协会联系人及联系方式: 李中岳　贾建廷

联系方式: 010-65133322-1320、1321

中国钢铁工业协会

2021年8月13日

Figure 2-4　Relevant Document from China Iron and Steel Association Regarding On-Site Investigation and Verification

2.3.2.4　Establishing a Dynamic Closed-Loop Management Mechanism

To highlight the exemplary, leading, and rigorous nature of the ultra-low emission public disclosure initiative and ensure its effective role in public oversight of steel enterprises' ultra-low emission renovation, China Iron and Steel Association implemented a closed-loop review mechanism of "follow-up inspection" and a dynamic adjustment system for the list of disclosed enterprises. For enterprises that violated the requirements of the *Opinions on the Promotion and Implementation of Ultra-low Emissions in the Steel Industry* and the *Notice on Doing a Good Job in Assessing and Monitoring the Ultra-low Emissions of Steel Enterprises* during the application review period or after disclosure, and failed to stably meet ultra-low emission standards, relevant provisions such as "suspending applications" or "revoking disclosure" were established. Specifically, enterprises involved in major violations or non-compliant practices were barred from applying for the disclosure of ultra-low emissions assessment and monitoring progress for one year; enterprises already disclosed would have their status revoked and could not reapply within the same period. Those failing to meet the requirements of ultra-low emission renovation documents were ineligible for disclosure; disclosed enterprises found by ecological and environmental authorities at any level to be unable to stably meet ultra-low emission standards would have their disclosure revoked and be publicly notified, and they would be prohibited from reapplying for six months from the revocation date. Additionally, the list of disclosed enterprises was dynamically adjusted in a timely manner based on revocation cases (see Figure 2-5). This mechanism clarifies that ultra-low emission disclosure is neither a one-off achievement nor an endpoint but a long-term requirement for continuous improvement of steel enterprises.

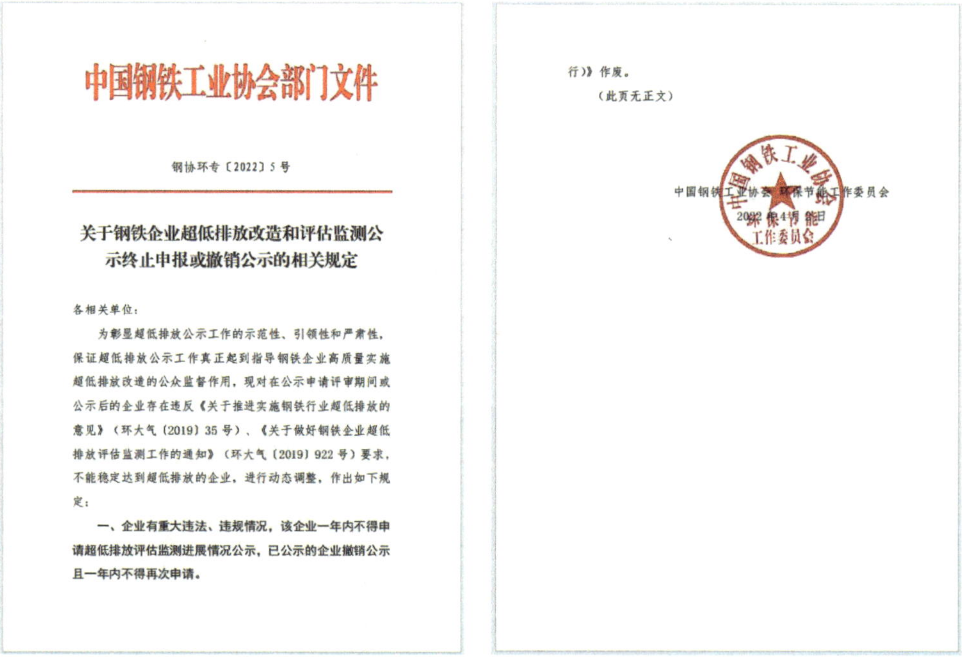

中国钢铁工业协会部门文件

钢协环专〔2022〕5号

关于钢铁企业超低排放改造和评估监测公示终止申报或撤销公示的相关规定

各相关单位：

为彰显超低排放公示工作的示范性、引领性和严肃性，保证超低排放公示工作真正起到指导钢铁企业高质量实施超低排放改造的公众监督作用，现对在公示申请评审期间或公示后的企业存在违反《关于推进实施钢铁行业超低排放的意见》（环大气〔2019〕35号）、《关于做好钢铁企业超低排放评估监测工作的通知》（环大气〔2019〕922号）要求，不能稳定达到超低排放的企业，进行动态调整，作出如下规定：

一、企业有重大违法、违规情况，该企业一年内不得申请超低排放评估监测进展情况公示，已公示的企业撤销公示且一年内不得再次申请。

行）》作废。

（此页无正文）

中国钢铁工业协会 环保节能工作委员会

2022年4月 日

Figure 2-5　Relevant Document from China Iron and Steel Association Regarding Application Suspension or Disclosure Revocation

2.3.3 Local Authorities Applying Innovative Differentiated Management Measures

To encourage enterprises to actively implement transformation, foster a healthy competitive environment, and promote sustainable industry development, the Ministry of Ecology and Environment adopted innovative management approaches, guiding local authorities to implement tailored control measures based on regional conditions to advance comprehensive ultra-low emission renovation in the steel industry.

2.3.3.1 Key Provinces Introducing Ultra-low Emission Standards

To advance ultra-low emission renovation in the steel industry and strengthen the legal basis for enforcement, five provinces and municipalities—Tianjin, Hebei, Shandong, Shanxi, and Henan—took the lead in formulating and implementing local ultra-low emission standards for the sector. These standards integrated ultra-low emission requirements into the mandatory regulatory framework, providing clear guidelines for industry-wide transformation (see Figure 2-6).

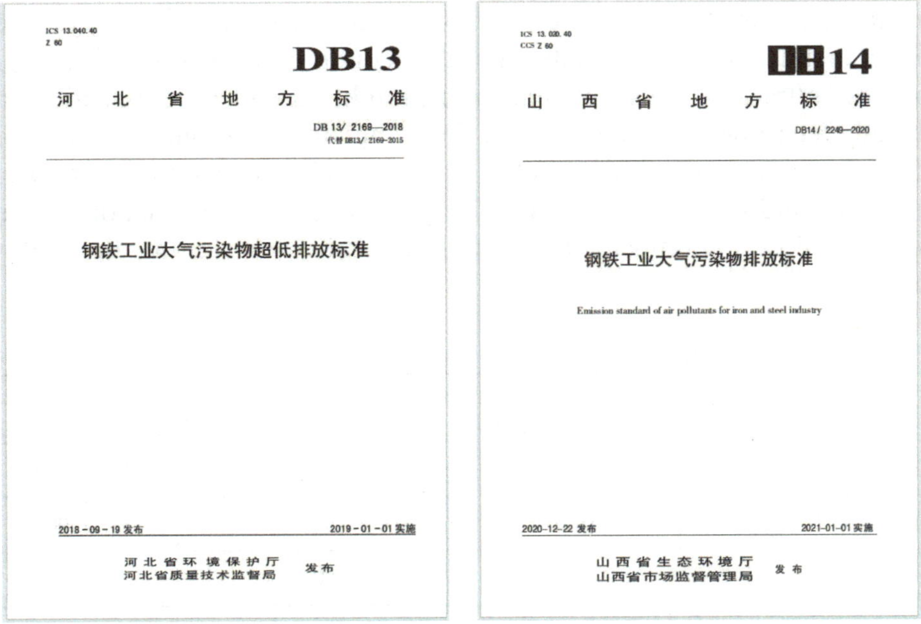
ICS 13.040.40
Z 60
DB13
河 北 省 地 方 标 准
DB 13/ 2169—2018
代替 DB13/ 2169-2015

钢铁工业大气污染物超低排放标准

2018-09-19 发布 2019-01-01 实施
河北省环境保护厅
河北省质量技术监督局 发布

ICS 13.020.40
CCS Z 60
DB14
山 西 省 地 方 标 准
DB14/ 2249—2020

钢铁工业大气污染物排放标准
Emission standard of air pollutants for iron and steel industry

2020-12-22 发布 2021-01-01 实施
山西省生态环境厅
山西省市场监督管理局 发布

Figure 2-6 Ultra-low Emission Standards for Steel Industry in Some Provinces

2.3.3.2 Implementing Differentiated Management in Key Areas

(1) Differential Electricity Pricing

To accelerate ultra-low emission renovation in the steel industry, the ecological environment departments and development and reform commissions of six key provinces—Hebei, Henan, Shandong, Shanxi, Jiangsu, and Zhejiang—jointly issued differential electricity pricing policies. Enterprises failing to complete ultra-low emission retrofitting would face increased electricity prices.

Taking Jiangsu Province as an example, the province implemented a tiered electricity pricing policy (see Table 2-1 and Figure 2-7). For steel enterprises that failed to complete organized emissions, unorganized emissions, and clean transportation upgrading in 2021, electricity prices were increased by 0.01 yuan/kWh, 0.005 yuan/kWh, and 0.003 yuan/kWh, respectively. The surcharge standards escalated annually: in 2022, the increases were 0.015 yuan/kWh, 0.01 yuan/kWh, and 0.005 yuan/kWh; from 2023 to 2025, the increases were 0.02 yuan/kWh, 0.015 yuan/kWh, and 0.01 yuan/kWh, respectively. As regards the implementation process, the Provincial Department of Ecology and Environment identified enterprises subject to differentiated power pricing based on their transformation progress and notified the Provincial Development and Reform Commission, which, in collaboration with the Department of Ecology and Environment, would jointly release the list of enterprises and corresponding surcharge standards, and then inform the Provincial Power Company. The differentiated pricing took effect the following month. The Provincial Power Company collected the electricity surcharges from steel enterprises as required and remitted them in full to the designated fiscal account. Enterprises that completed full-process ultra-low emission renovation might submit an application to the Provincial Department of Ecology and Environment to discontinue the differentiated pricing, which would then notify the Provincial Development and Reform Commission, and the two agencies would jointly issue a termination notice, informing the Power Company to cease the surcharges starting the following month.

Table 2-1 Differential Electricity Pricing Policy in Jiangsu Province (yuan/kWh)

Execution period	Item	Organized emission upgrading uncompleted	Unorganized emission upgrading uncompleted	Clean transportation upgrading uncompleted
2021	Electricity price	0.01	0.005	0.003
2022		0.015	0.01	0.005
2023—2025		0.02	0.015	0.01

(2) Performance Rating

To motivate "advanced performers" and spur "laggards", the Ministry of Ecology and Environment issued the *Guiding Opinions on Strengthening Emergency Emission Reduction Measures to Consolidate Measures Against Heavy Pollution Weather* in 2019, introducing for the first time a performance-based classification system linking emergency emission reduction measures to corporate environmental performance. The document outlined performance grading criteria for 31 key industries, including the steel industry, where leading enterprises that meet national or provincial benchmarks could receive exemptions from certain emission reduction measures.

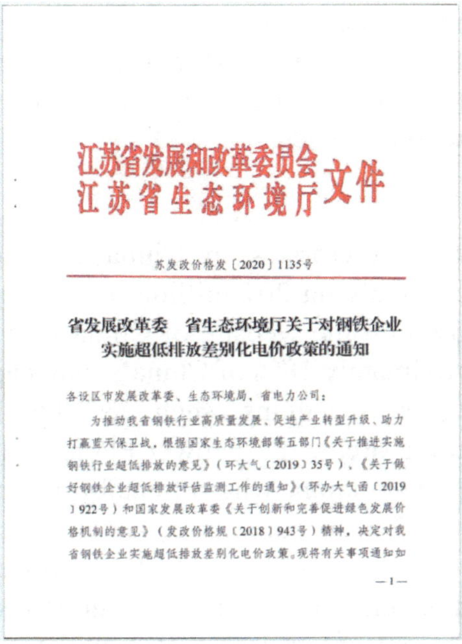
江苏省发展和改革委员会
江苏省生态环境厅文件

苏发改价格发〔2020〕1135号

省发展改革委 省生态环境厅关于对钢铁企业实施超低排放差别化电价政策的通知

各设区市发展改革委、生态环境局，省电力公司：

为推动我省钢铁行业高质量发展、促进产业转型升级、助力打赢蓝天保卫战，根据国家生态环境部等五部门《关于推进实施钢铁行业超低排放的意见》（环大气〔2019〕35号）、《关于做好钢铁企业超低排放评估监测工作的通知》（环办大气函〔2019〕922号）和国家发展改革委《关于创新和完善促进绿色发展价格机制的意见》（发改价格规〔2018〕943号）精神，决定对我省钢铁企业实施超低排放差别化电价政策。现将有关事项通知如

—1—

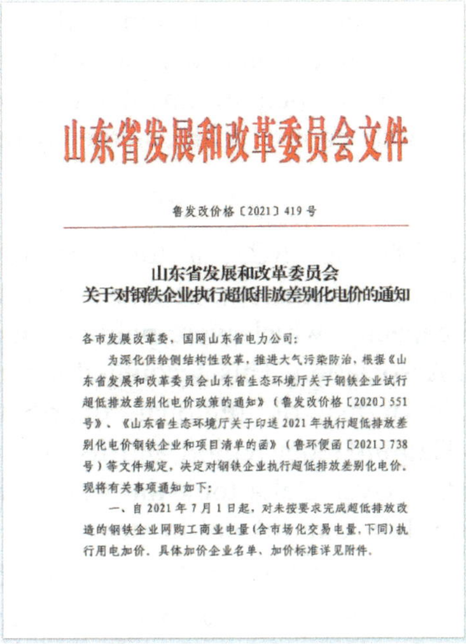
山东省发展和改革委员会文件

鲁发改价格〔2021〕419号

山东省发展和改革委员会
关于对钢铁企业执行超低排放差别化电价的通知

各市发展改革委，国网山东省电力公司：

为深化供给侧结构性改革，推进大气污染防治，根据《山东省发展和改革委员会山东省生态环境厅关于钢铁企业试行超低排放差别化电价政策的通知》（鲁发改价格〔2020〕551号）、《山东省生态环境厅关于印送2021年执行超低排放差别化电价钢铁企业和项目清单的函》（鲁环便函〔2021〕738号）等文件规定，决定对钢铁企业执行超低排放差别化电价，现将有关事项通知如下：

一、自2021年7月1日起，对未按要求完成超低排放改造的钢铁企业网购工商业电量(含市场化交易电量，下同)执行用电加价，具体加价企业名单、加价标准详见附件。

Figure 2-7 Differential Electricity Pricing Policy Documents in Some Provinces

From 2020 to 2021, the Ministry of Ecology and Environment released the *Technical Guidelines for Formulating Emergency Emission Reduction Measures for Key Industries in Heavy Pollution Weather (2020 Revised Edition)* and the *Letter on Further Standardizing Emergency Emission Reduction Measures in Heavy Pollution Weather*, expanding the scope of key industries to 39 and rating the environmental performance of enterprises in terms of equipment, pollution control, and monitoring and surveillance capabilities. Specifically, the integrated steel mills are classified into five grades (A, B, B–, C, D), and it is clarified that steel enterprises that have met the relevant requirements for ultra-low emission renovation can carry out A- and B-level performance assessments and determine the corresponding emergency emission reduction measures after China Iron and Steel Association has made a public disclosure. In 2022, the Hebei Provincial Party Committee and Government launched the *Comprehensive Grade-A Environmental Performance Initiative for Provincial Steel Enterprises*, proposing to strive to elevate all local steel enterprises to A-level within three years, building on the initial success of 12 A-level enterprises.

Currently, the environmental performance rating results of steel enterprises have influenced policies on crude steel output cuts, taxation, heavy pollution weather responses, and production control in key regions during heating seasons. A-rated ultra-low emission steelmakers are exempted from output reductions, and production halts and restrictions in heavy pollution weather, and enjoy preferential policies for environmental tax and purchase tax on environmental protection equipment, and will be added to the incentive-based regulatory compliance list for eco-environmental supervision. Lower-rated enterprises, however, must strictly comply with emergency reduction policies.

2.3.4 Interim Advancement Results

From 2020 to 2022, a total of 40 steel enterprises in China completed full-process ultra-low emission renovation, involving 201 million tons of crude steel capacity, which were publicly disclosed on the website of China Iron and Steel Association. This accounted for approximately 18% of China's total capacity. In terms of regional distribution, key regions such as the Beijing-Tianjin-Hebei region and its surrounding areas, the Fenwei Plain, and the Yangtze River Delta took the lead in implementation, where transformation of 190 million tons of crude steel capacity had been completed, accounting for 95.6% of the total transformed capacity; there was only one steel enterprise located outside these key regions. Regarding enterprise types, integrated steel mills progressed more rapidly. Among the 40 enterprises that completed the full-process transformation, only two were mini-mills, one was a pelletizing enterprise, and the rest were all integrated steel mills, accounting for 98.5% of the transformed capacity (see Figures 2-8 and 2-9).

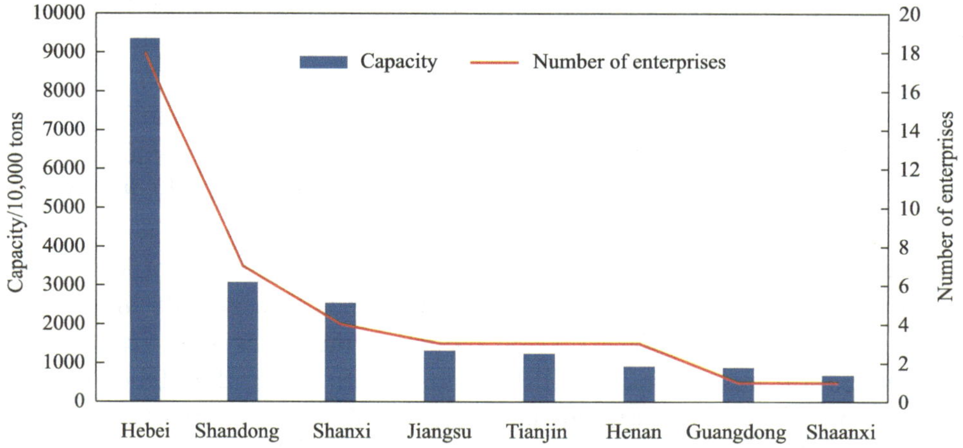

Figure 2-8 Provincial Distribution of Capacity Completing Full-Process Renovation 2020—2022

2.4 Full-scale Implementation Phase (2023—2025)

In 2023, the steel industry started to implement the ultra-low emission renovation in a comprehensive manner. Under the strong impetus of national policies, key regions accelerated the finalization of their transformation efforts, while

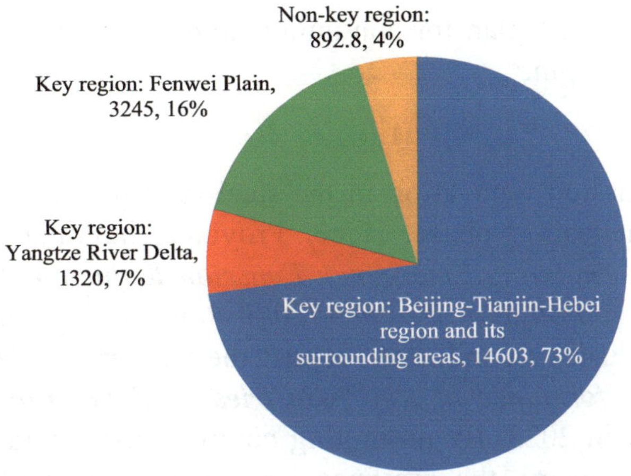

Figure 2-9 Regional Distribution of Capacity Completing Full-Process Renovation 2020—2022 (Unit: 10,000 tons)

progress in non-key regions improved significantly. The entire industry achieved leapfrog development in ultra-low emission renovation.

2.4.1 Sustained High-Level National Promotion

The CPC Central Committee and the State Council attached great importance to the ultra-low emission renovation in the steel industry, and leaders of the Party and the State Council had made important instructions on many occasions. In July 2023, General Secretary Xi Jinping explicitly proposed at the National Conference on Ecological and Environmental Protection that the ultra-low emission renovation of iron and steel, cement, and coking industries should be pushed forward with high quality to continue to reduce the pollution emissions of the key industries. In September 2024, at the symposium on comprehensively promoting the ecological protection and high-quality development of the Yellow River Basin, it was again emphasized that it was necessary to strengthen comprehensive air pollution control and accelerate the ultra-low emission renovation of key industries.

The *Notice of the State Council on Issuing the "Action Plan for Continuous Improvement of Air Quality"* issued in 2023 and the *Opinions of the CPC Central Committee and State Council on Comprehensively Promoting the Construction of a Beautiful China* issued in 2024 explicitly call for the "high-quality promotion of the ultra-low emission renovation of key industries such as iron and steel, cement, and coking, as well as coal-fired boilers". In the *Report on the Work of Government 2024*, the work on air pollution prevention and control in 2023 was reviewed, and the achievements made in "promoting the ultra-low emission renovation of key industries" were particularly emphasized. It was proposed that the action plan for continuous improvement of air quality should be implemented in depth.

2.4.2 Accelerated Finalization in Key Regions

The ultra-low emission renovation in the steel industry of key regions has entered a rapid finalization phase. Hebei Province, building on the *Technical Guidelines for Formulating Emergency Emission Reduction Measures for Key Industries in Heavy Pollution Weather (2020 Revised Edition)* and considering the local steel industry's conditions, issued the stricter *Grade-A Standards for Environmental Performance of Key Industries in Hebei Province—Integrated Steel Mills (Trial)* in 2023. By promoting comprehensive Grade-A certification across the steel industry, the province largely completed ultra-low emission renovation by the end of 2024. Similarly, Shandong's Department of Industry and Information Technology released the *Notice on Comprehensive Attainment of Grade-A Environmental Performance for Integrated Steel Mills Across the Province* in 2023, requiring qualifying enterprises to meet Grade-A standards by the end of that year. By late 2024, key regions, including Tianjin, Hebei, Shanghai, Jiangsu, and Shandong, had essentially accomplished their ultra-low emission renovation targets for the steel industry.

To further advance the steel industry's ultra-low emission renovation and ensure stable operations while continuously improving air quality, Jiangsu Province is preparing to introduce ultra-low emission standards for the steel industry, aiming to consolidate and deepen the achievements of these transformations.

2.4.3 Significant Momentum in Non-Key Regions

The ultra-low emission renovation of steel enterprises across non-key regions have notably accelerated. Provincial governments in nearly all steel-producing areas—including Guangdong, Guangxi, Yunnan, Fujian, Inner Mongolia, Liaoning, Heilongjiang, Jilin, Guizhou, and Sichuan—have outlined in their *Action Plan for Continuous Improvement of Air Quality* that the steel industry must complete ultra-low emission renovation for all or over 80% of its capacity by 2025. Guangdong's document specifically highlights the potential regulation of crude steel production based on enterprises' progress in ultra-low emission renovation. Additionally, Liaoning released local ultra-low emission standards for the steel industry on April 1, 2025, which will be effective from October 1, 2025, while regions like Jiangxi are actively researching and formulating their own standards. The Liaoning Department of Ecology and Environment also issued the *Grade-A Standards for Environmental Performance of Key Industries in Liaoning Province—Steel Industry (Integrated Steel Mills and Mini-Mills)*, aiming to accelerate the ultra-low emission renovation process through differentiated control measures.

2.4.4 Phase-Specific Achievements

2.4.4.1 Phase-Specific Progress

From 2023 to 2024, a total of 95 steel enterprises with a crude steel capacity of 369 million tons across China completed full-process ultra-low emission renovation and were publicly disclosed on China Iron and Steel Association website, accounting for approximately 34% of China's total capacity.

In terms of regional distribution, key regions such as the Beijing-Tianjin-Hebei region and its surrounding areas, the Fenwei Plain, and the Yangtze River Delta remained dominant. However, non-key regions had significantly accelerated their transformation efforts, with their completed capacity now representing 18% of the national total. As regards the type of enterprises, integrated steel mills continued to lead the transformation, while mini-mills had also notably quickened their pace. Among the 95 enterprises that completed full-process transformation, 14 are mini-mills, with their capacity proportion rising to 4% (see Figures 2-10 and 2-11).

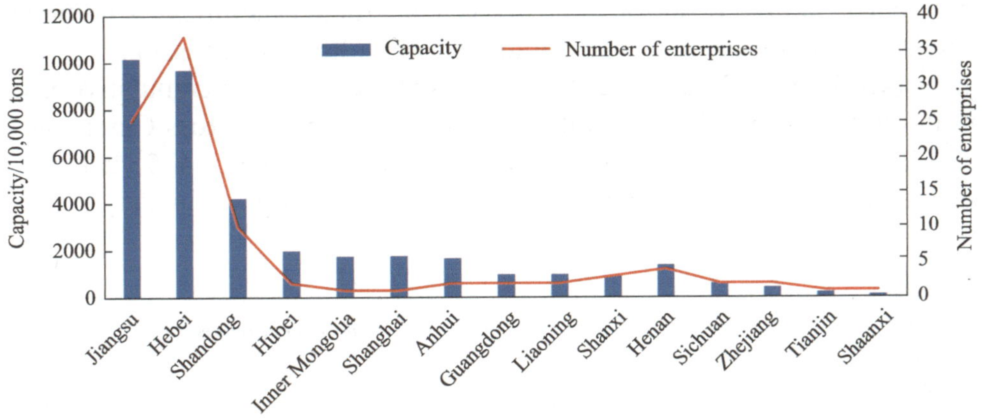

Figure 2-10 Provincial Distribution of Capacity Completing Full-Process Renovation 2023—2024

2.4.4.2 Cumulative Progress

As of December 31, 2024, a total of 169 steel enterprises (including one pelletizing enterprise) had completed or partially completed ultra-low emission renovation, and had undergone assessment and monitoring. Among them, 125 enterprises had fully completed full-process ultra-low emission renovation, involving approximately 550 million tons of crude steel capacity, accounting for about 50% of China's total. Meanwhile, 44 steel enterprises had completed ultra-low emission renovation in certain segments, covering 163 million tons of

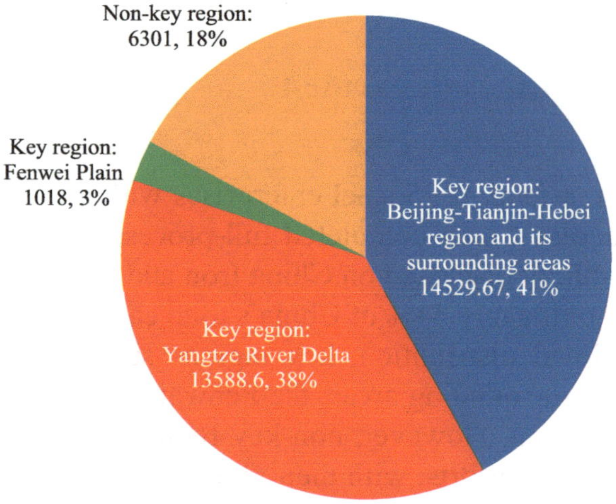

Figure 2-11 Regional Distribution of Capacity Completing Full-Process Renovation 2023—2024 (Unit: 10,000 tons)

crude steel capacity (the discrepancy with the two-phase summation is due to factors such as revoked and re-disclosed enterprises, capacity replacement or supplementary public disclosure for newly constructed facilities). Additionally, 380 million tons of capacity had completed key ultra-low emission renovation projects (see Figures 2-12 and 2-13). It is estimated that the cumulative investment in ultra-low emission renovation by steel enterprises across China had exceeded 260 billion yuan, with an average investment of about 475 yuan per ton of steel and an average environmental operating cost of approximately 224 yuan per ton.

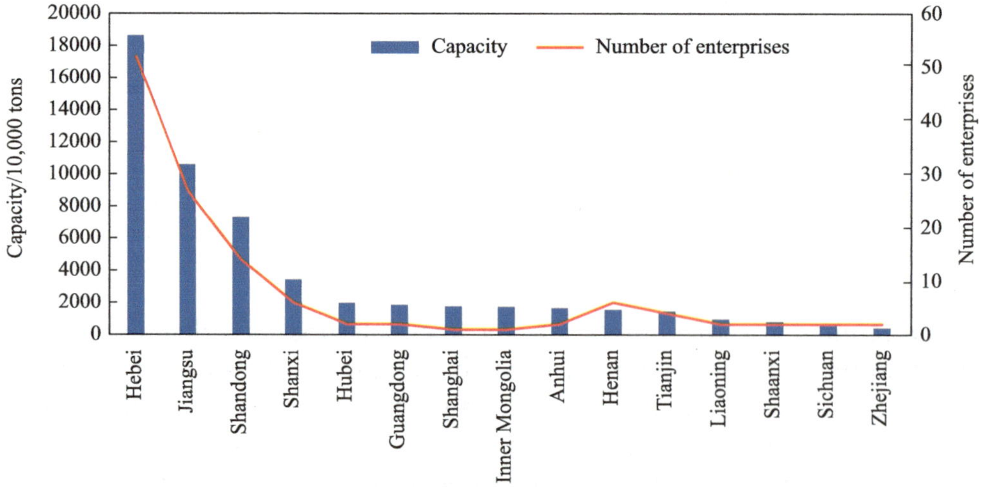

Figure 2-12 Provincial Distribution of Nationwide Cumulative Capacity Completing Full-Process Renovation

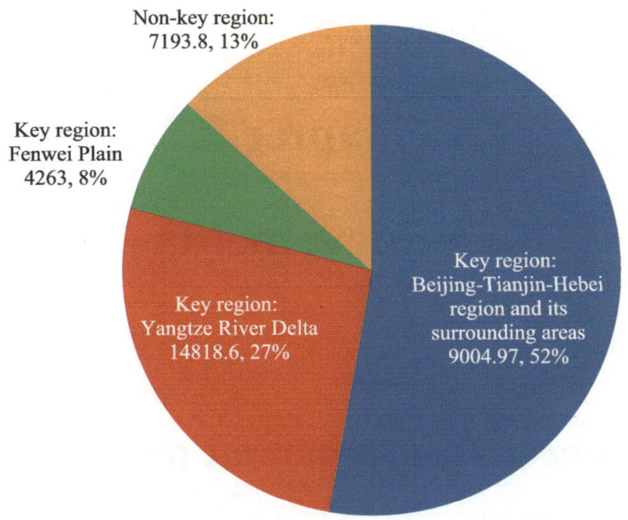

Figure 2-13 Regional Distribution of Nationwide Cumulative Capacity Completing Full-Process Renovation (Unit: 10,000 tons)

Chapter 3

Achievements

3.1 Environmental Governance Upgrades

3.1.1 Significant Enhancement in Pollution Control Capability

Since the ultra-low emission policy was introduced in 2019, the pollution control capability across the industry has been significantly enhanced. In terms of organized emissions, steel enterprises have invested substantial resources in upgrading key production processes. By the end of 2024, most steel enterprises had either completed installing denitrification equipment for sintering machines or were in the process of retrofitting. Technologies such as SCR denitrification, activated carbon-based integrated denitrification, or a combination of both have been widely adopted to efficiently remove nitrogen oxides from sintering flue gas, ensuring stable compliance with ultra-low emission limits. Additionally, key projects like deep desulfurization of blast furnace gas and upgrading of dust collectors have significantly reduced emissions of conventional pollutants.

In terms of unorganized emissions, due to their characteristics such as numerous emission sources, scattered distribution, significant dust generation, high energy consumption, severe pollution, and substantial material loss, enterprises have implemented comprehensive management across multiple stages, covering material storage and transportation, and production processes, following ultra-low emission requirements. They have constructed new enclosed environment-friendly material yards, enclosed belt conveyors, or sealed tubular belt conveyors, and optimized dust removal facilities, successfully achieving green and clean production with zero exposure in coal handling, mineral processing, and material transport. All ultra-low emission enterprises have established centralized management systems for unorganized emission control facilities, which integrate production operation signals, control operation signals, environmental monitoring data, and video surveillance data from raw materials to the steel rolling process. These systems enable emission source inventory data management, video surveillance data management for key polluted areas, real-time access, storage, query, and playback of video data for critical polluted areas across the plant, centralized management and analysis of data from environmental air quality monitoring micro-stations, centralized management and analysis of TSP monitoring data for dust-generating sources, centralized management and analysis of operation status data for pollution control equipment, centralized management and analysis of operation status data for production equipment related to unorganized emissions, centralized management and visualization of unorganized emission control process data, and synchronized display of production, emission control, and monitoring data. An integrated Monitoring-Control-Treatment Framework has been truly established.

As regards clean transportation, pollutant emissions from the transportation sector of steel enterprises account for 20% of total emissions. To date, enterprises that have achieved full-process ultra-low emissions no longer use National V and below emission standard vehicles for the external transport of bulk materials and products. Instead, they are gradually increasing the adoption of new energy vehicles, effectively promoting the rapid development of energy conservation, environmental protection, and new energy vehicle-related industries. This shift has particularly provided a vast and promising application scenario for new energy heavy-duty trucks.

3.1.2 Drastic Reduction in Pollutant Emission Intensity

Judged from emission indicators, China's ultra-low emission limits for the steel industry currently lead the world. Under a baseline oxygen content of 16%, the emission limits for sintering machine head flue gas are 10 mg/m^3 for particulate matter, 35 mg/m^3 for sulfur dioxide, and 50 mg/m^3 for nitrogen oxides. For other processes, the emission limits are 10 mg/m^3 for particulate matter, 50 mg/m^3 for sulfur dioxide, and 200 mg/m^3 for nitrogen oxides. These limits are not only far below the related national emission standards of 40 mg/m^3, 180 mg/m^3, and 300 mg/m^3 for major air pollutants but also represent the strictest levels in current domestic and international standards. A detailed comparison is provided in the Table 3-1.

In terms of pollution control performance, the pollutant emission intensity in China has shown a downward trend year by year, reaching the world's advanced level. According to China Iron and Steel Association, the emission intensity of key pollutants of key statistical enterprises has dropped significantly, with the emission intensity of particulate matter, sulfur dioxide, and nitrogen oxides per ton of steel falling by 51%, 57% and 51% respectively from 2018 to 2023 (see Figure 3-1).

The pollutant emission data of typical Chinese enterprises in 2023 is compared with that of the four major U.S. iron and steel companies as Tables 3-2 and 3-3.

Table 3-1 Comparison of Emission Limits Between Domestic and International Standards (mg/m^3)

Pollutant	Germany	U.S.	France	Austria	China		
					Post-policy newly constructed projects: Effective from October 1, 2012 Pre-existing projects: Effective from January 1, 2015	Special emission limits for key regions	Ultra-low emission limits
Particulate matter	10	60	100	10	50	40	10
SO_2	500	90	300	350	200	180	35
NO_x	100	—	500	350	300	300	50

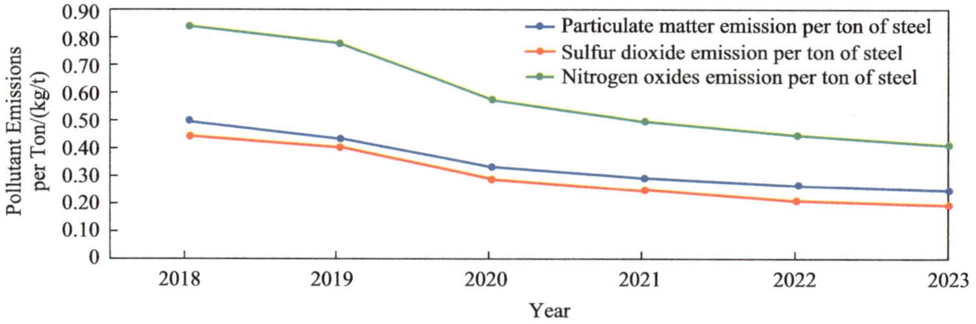

Figure 3-1 Comparison of Pollutant Emissions per Ton of Steel Before and After Implementation of Ultra-low Emissions

Table 3-2 Comparison of Pollutant Emission Performance Between Chinese and American Steel Plants in 2023 (Integrated Steel Mill) (kg/t)

Enterprise		Sulfur dioxide	Particulate matter	Nitrogen oxides
Two integrated steel mills of the four major U.S. steel mills	United States Steel Corporation	0.68	1.09	1.70
	Cleveland-Cliffs Inc.	1.08	1.80	2.48
Average of key statistical enterprises under China Iron and Steel Association		0.19	0.24	0.41

Table 3-3 Comparison of Pollutant Emission Performance Between Chinese Steel Enterprises and the Four Major U.S. Steel Mills in 2023 (Mini-mill) (kg/t)

Enterprise		Sulfur dioxide	Particulate matter	Nitrogen oxides
Two mini-mills of the four major U.S. steel mills	Steel Dynamics Incorporation	0.09811	0.05724	0.14808
	Nucor Corporation	0.10900	0.09081	0.17536
Some typical mini-mills in China	Xuzhou Jinhong Iron and Steel Group Co., Ltd.	0.0006	0.0193	0.005
	HBIS Group Shijiazhuang Iron and Steel	0.02250	0.06134	0.14633

It is evident that, in terms of both integrated steel mills and mini-mills, China's steel industry leads globally in pollutant emission intensity compared to advanced international steel companies, fully demonstrating the improvements in pollution control and management capabilities brought by ultra-low emissions. China's steel industry is the cleanest green steel industry in the world.

3.1.3 Comprehensive Modernization in Factory Environment

With the advancement of ultra-low emission renovation, the environment within steel plants has generally surpassed that of surrounding areas and urban districts, giving rise to numerous garden-style factories. The working and living conditions for employees have significantly improved, and their sense of fulfillment, pride, and well-being has been enhanced. Aligning with national and regional standards for industrial tourism demonstration sites, several steel enterprises have upgraded their factory environments by integrating historical elements into the modernization process, creating regional industrial tourism hubs that "preserve cultural heritage, bring memories to life, foster employee dedication, and earn public acclaim".

As of now, six steel plants have been graded as national 4A-rated industrial tourism sites and eighteen as national 3A-rated industrial tourism sites in China. A large number of eco-friendly green factories with ultra-low emissions and distinctive Chinese characteristics have been created, featuring clean and smooth roads, neat and aesthetically pleasing pipelines, standardized signage in both factory areas and production workshops, and well-organized visiting points. They have become unique urban landmarks, preserving city memories and serving as science educational bases.

(1) Xingtai Delong Steel Culture Park

As the first operational steel enterprise in China to be designated as a National AAAA-level tourist attraction, Delong Steel Culture Park in Xingtai features attractions such as the Delong Steel Museum and the Steel Robots Park. It is China's first comprehensive cultural theme park integrating steel industrial production, steel culture experiences, steel-themed recreation, and steel practical education programs. The Park has the largest Steel Robots Park in China, showcasing 210 robots, including Transformers and the Four Guardians, all designed and crafted by Delong employees using scrap car parts and steel. Additionally, the Park offers recreational facilities such as rock climbing (see Figure 3-2).

(2) Ansteel Museum

The Ansteel Museum is an industrial museum that chronicles the development of China's steel industry since the founding of the People's Republic of China in 1949, as well as the evolution of Ansteel—widely regarded as the "eldest son of the Republic's steel industry", and it has become both a vital platform for inheriting the company's revolutionary legacy and conducting patriotic education, and a spiritual landmark for disseminating Ansteel's red culture. It has been honored with titles such as the National Demonstration Base for Patriotism Education, National AAAA-Level Tourist Attraction, National Practical Education Base for Primary and Middle School Students, National Science Popularization Education Base, Patriotism Education Base of Central Enterprises, Industrial Cultural Heritage of Central Enterprises (Steel Industry) Base, National "Caring for the Next Generation" Party History and National History Education Base, and among the first national "Great Ideological and Political Education" Practice Teaching Bases (see Figure 3-3).

Figure 3-2 On-site View of Xingtai Delong Steel Cultural Park

Figure 3-3 On-site View of Ansteel Museum

(3) Nanjing Meigang Industrial and Cultural Tourism Zone

The Meigang Industrial and Cultural Tourism Zone includes venues such as the Factory History Exhibition Gallery, Patriotic Education Corridor, as well as the Steel Culture Corridor. In December 2023, it was recognized as a National

4A-level Industrial Tourism Site. Meigang Industrial and Cultural Tourism Zone adheres to the principle of enriching tourism through culture and showcasing culture through tourism, driving deep integration between cultural development and tourism. It promotes industry-urban synergy, open and shared development, transforming "rust belts" into "vibrant waterfronts for living", while leveraging industrial heritage to advance patriotic education, meet the growing cultural needs of the public, and strengthen national morale. Additionally, the Baosteel Industrial Innovation Park, covering an expansive area of 21 square kilometers with 4A-level scenic standards, which opened in late 2023, is not only a world-class full-process large-scale steel production base but also a modern garden-style urban steel plant (see Figure 3-4).

Figure 3-4 View of Meigang Industrial and Cultural Tourism Zone

(4) Fangda Special Steel Industrial Tourism Scenic Area

Fangda Special Steel Industrial Tourism Scenic Area is the third steel enterprise in China and the first in Jiangxi Province to be approved as a National 4A-level tourist attraction. This site integrates sightseeing, practical education tours, and steel culture exhibitions, featuring a tourism model with one museum, two centers, three gardens, four production processes, and five experience zones, which includes the corporate culture exhibition hall, visitor center, smart management center, craftsmen garden, cherry blossom garden, steel culture garden, as well as the four production processes of coking, ironmaking, steelmaking, and rolling. Additionally, there are cultural exhibition areas, sightseeing zones, leisure and entertainment areas, hands-on experience zones, and practical education-themed zones. It is recognized as a demonstration base for industrial tourism in Jiangxi Province (see Figure 3-5).

Figure 3-5　On-site View of Fangda Special Steel Industrial Tourism Scenic Area

(5) Shaanxi Longmen Steel Scenic Area

The Longmen Steel Scenic Area is a testament to Longsteel Company's high-quality development and green transformation in the new era. Under its healthy development framework of "technological innovation, environmental sustainability, and open and shared development", the company has created this distinctive industrial tourism site. Centered on the theme of "How Steel is Made", the site showcases Longsteel's rich history while integrating cultural heritage, production processes, product exhibitions, and practical science education. It also serves as a promotion of the theme of "the greatness of labor and the glory of workers" in the new age. On December 31, 2020, the Shaanxi Provincial Department of Culture and Tourism announced that Longmen Steel Scenic Area had officially been recognized as a national 4A-level tourist attraction. It became the second in China and the first in Shaanxi Province to achieve this status as an operational steel production site (see Figure 3-6).

Figure 3-6　On-site View of Shaanxi Longmen Steel Scenic Area

(6) Fujian Sangang Industrial Tourism Area

The Fujian Sangang Industrial Tourism Area consists of one park, two museums, and three scenic zones, which are the 1958 Industrial Memory Park, the Safety Education Experience Museum, the Sanming 1958 Industrial Memory Museum, the Iron Flow Scenic Zone (ironmaking production process), the Steel Splendor Scenic Zone (steelmaking production process), and the Rolling Mill Joy Scenic Zone (round bar production line, medium plate production line). Since its establishment, Fujian Sangang Industrial Tourism Area has been awarded honors such as a National 4A-level Tourist Attraction, National Industrial Tourism Demonstration Base, Provincial Smart Tourism Scenic Spot, and Fujian Golden Medal Sightseeing Factory (see Figure 3-7).

Figure 3-7 On-site View of Fujian Sangang Industrial Tourism Area

3.2 Acceleration in the Green Transformation of the Steel Industry

3.2.1 Optimization and Adjustment of Industrial Structure

China's steel industry has integrated capacity governance with ecological and environmental protection through green ultra-low emission upgrading and transformation. Environmental regulatory authorities have fully leveraged the role of environmental protection in driving reforms, intensifying supervision and penalties for enterprises violating environmental regulations and incorporating capacity reduction into the focus of central ecological and environmental inspections, which have significantly contributed to the supply-side structural reform of the industry.

First, the production capacity layout has been continuously optimized. The steel output share of the key air pollution control regions decreased by 4 percentage points, with several steel plants relocating from urban areas and over 20 steel enterprises near Beijing shifting production capacity to coastal areas with lower transportation costs. Baoding, Langfang, and Zhangjiakou in Hebei Province have become steel-free cities. In Shandong Province, 10 long-chain steel production capacities located in the "2+26" cities in the Beijing-Tianjin-Hebei region and its surrounding areas have been consolidated and relocated to coastal steel production bases.

Second, concentration in the steel industry has increased significantly. While national crude steel output increased by 25%, the number of enterprises decreased by 29%, with the average capacity scaling up by 52%. In the Beijing-Tianjin-Hebei region and its surrounding areas, the number of enterprises halved, while the average capacity rose by 90%.

Third, the equipment level has significantly improved. The proportion of China's national advanced sintering (pelletizing) and ironmaking equipment capacity increased by 20 and 9 percentage points, respectively. In the Beijing-Tianjin-Hebei region and its surrounding areas, these figures rose by 34 and 22 percentage points. Hebei Province is actively promoting the upgrade of blast furnaces below 1,000 cubic meters and converters below 100 tons.

3.2.2 Transition to Clean Transportation

The *Opinions on the Promotion and Implementation of Ultra-low Emissions in the Steel Industry* included, for the first time, clean transportation as an indicator requirement, accelerating the industry's shift toward clean transportation. With the release and implementation of policies such as the *Three-Year Action Plan for Winning the Blue Sky Defense Battle*, the *Three-Year Action Plan for Adjusting Transportation Structure (2018–2020)*, and the *Action Plan for the Tough Battle Against Diesel Truck Pollution*, steel enterprises have intensified refined management of logistics. Significant progress has been made in areas such as transportation infrastructure development, structural adjustments, phased elimination of low-efficiency transport vehicles, and adoption of energy-saving and low-carbon alternatives.

By actively advancing ultra-low emission upgrading in transportation, steel enterprises have notably optimized their external logistics infrastructure and transport structure. Incomplete statistics show an 8-percentage-point increase in the proportion of bulk materials transported by rail and water in the steel industry. The railway connection rate for steel enterprises with annual external transport volumes exceeding 1.5 million tons rose from less than 15% to 31%. The proportion of clean transportation among steel enterprises in key regions that have met ultra-low emission standards and been publicly disclosed has increased from an average of less than 30% in the past to over 50%. These adjustments in infrastructure and transport structure have laid the groundwork for rationalizing medium-to long-distance logistics while substantially reducing pollutant and greenhouse gas emissions during transportation.

3.3 Strong Support for Winning the Battle for Blue Skies

3.3.1 Marked Air Quality Improvement in Steel-Intensive Regions

The ultra-low emission renovation has effectively enhanced air quality in regions with concentrated steel production. By 2024, the average $PM_{2.5}$ concentration in 10 steel-intensive cities had decreased by 25.6% compared to 2018. Notably, Tangshan and Handan, the two cities with the most concentrated production capacity, saw $PM_{2.5}$ levels drop by 37% and 31%, respectively. Among the bottom 10 cities in air quality rankings, those ranked in the top 10 for crude steel production decreased from 6 in 2018 to just 1. Compared to 2018 before the ultra-low emission renovation, Hebei Province, the largest steel-producing region, achieved a 33% reduction in $PM_{2.5}$ concentration by 2024, reaching 37.8 micrograms per cubic meter. Moreover, the number of Hebei cities ranked in the bottom 10 for air quality dropped from 5 in 2018 to zero for three consecutive years (see Figure 3-8). In Jingfeng Town, Zhangjiagang, where Shagang Group, the largest private steel enterprise, is located, the average $PM_{2.5}$ concentration decreased by 16.1% after the transformation, marking the highest reduction rate and the lowest absolute $PM_{2.5}$ level in the city (see Figure 3-9).

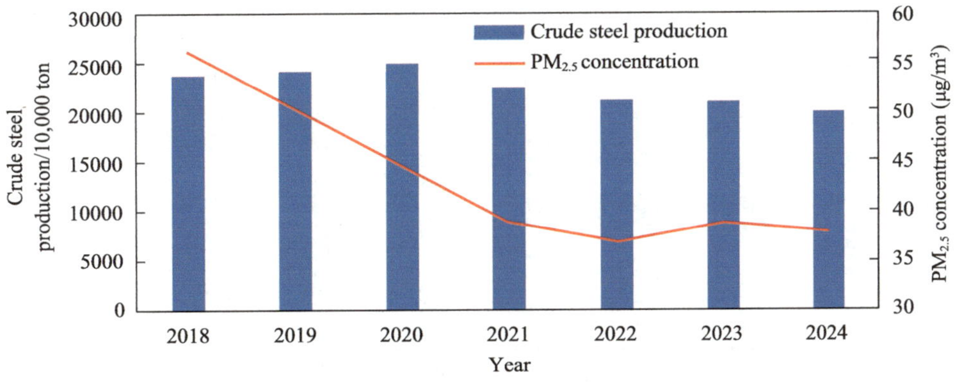

Figure 3-8 Crude Steel Production and Trend in Average $PM_{2.5}$ Concentration in Hebei Province

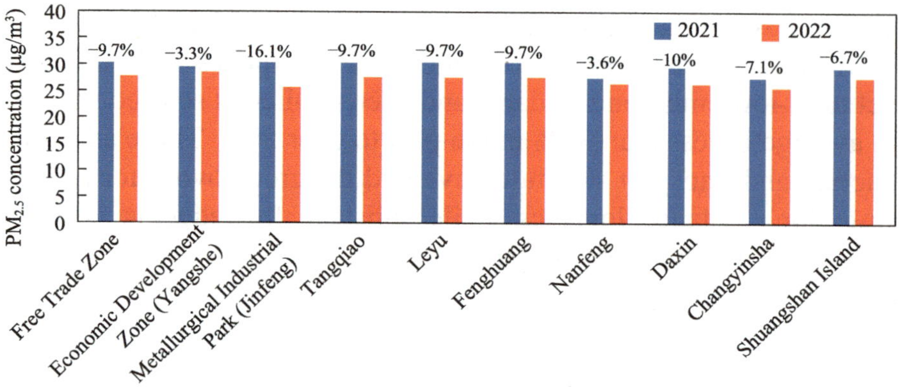

Figure 3-9 Changes in PM$_{2.5}$ Concentration at the Location of Shagang Group Before and After Ultra-low Emission Renovation

3.3.2 National Air Quality Progress Driven by Regional Improvements

Regional air quality enhancements have significantly elevated China's overall environmental air quality. Compared to pre-ultra-low emission levels in 2018, China's average PM$_{2.5}$ concentration dropped by 25% to 29.3 μg/m^3 by 2024. The proportion of days with good air quality rose by 10 percentage points to 87.2%, while heavily polluted days decreased by 59 percentage points to 0.9% (see Figure 3-10). Key regions, including the Beijing-Tianjin-Hebei region and its surrounding areas, the Yangtze River Delta, and the Fenwei Plain, saw PM$_{2.5}$ concentrations decline by 30%, 25%, and 32%, respectively, compared to 2018. Blue skies in Beijing, once associated with special events like the Olympics or summits, have now become commonplace, earning recognition from the UN

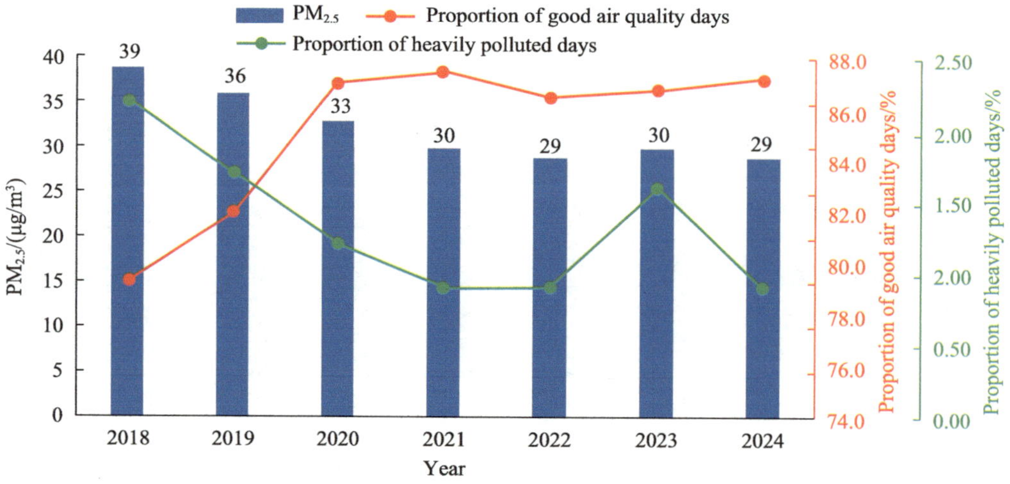

Figure 3-10 Changes in Air Quality in China from 2018 to 2024

Environment Program as the "Beijing Miracle". A study by the University of Chicago reported by Bloomberg showed that "China reduced air pollution in seven years as much as the United States did in 30 years". The continuous improvement in air quality has effectively safeguarded public health and significantly enhanced people's sense of well-being (see Figure 3-11).

Figure 3-11 Significant Improvement in Air Quality in Key Regions (Anyang City)

3.4 Driving Innovation in Eco-Technologies and Rapid Development of Related Industries

3.4.1 Development and Deployment of Ultra-low Emission Technologies

Since the implementation of ultra-low emission renovation, steel enterprises and relevant research institutions have actively engaged in technological breakthroughs, and have developed a series of technologies of independent intellectual property rights, such as integrated desulfurization and denitrification by activated coke, deep desulfurization of blast furnace gas, and an integrated Monitoring-Control-Treatment Framework. These advancements have promoted innovation and upgrading in environmental technologies within the steel industry.

3.4.1.1 Key Technologies for Source Emission Reduction via Deep Desulfurization of Blast Furnace Gas

The sulfur in blast furnace gas primarily originates from coke and pulverized coal, with coke contributing a larger proportion. Controlling the sulfur content at the source is feasible for blast furnace gas desulfurization. It is generally recommended that the sulfur content in coke be less than 0.6%, and that in pulverized coal be less than 0.4%. During the years of implementing ultra-low emissions, various deep desulfurization processes have emerged in the industry, aiming to catalytically convert organic sulfur in the gas into inorganic sulfur for subsequent removal. Currently, the following viable process routes are available.

(1) Hydrolysis + Dry Absorption Process. Currently, the implemented or under-construction carbonyl sulfide hydrolysis processes in the steel industry is installed upstream of TRT or BPRT. After passing through the gas pretreatment unit, organic sulfur is converted into hydrogen sulfide under the action of a hydrolysis catalyst, and then removed by adsorbents such as iron oxide or activated carbon to capture the hydrogen sulfide. The system pressure loss is less than 10 kPa, with relatively low investment and construction costs, minimizing the impact on blast furnace TRT/BPRT gas power generation (see Figure 3-12).

Figure 3-12 Demonstration Project of Hydrolysis + Dry Absorption Process

(2) Hydrolysis + Wet Absorption Process. Like the Hydrolysis + Dry Absorption Process, organic sulfur is first converted into hydrogen sulfide through hydrolysis, then the hydrogen sulfide is absorbed by alkaline solutions such as sodium hydroxide. The advantage of the process lies in low investment and construction cost for equipment, pipelines, and other process facilities. However, it has drawbacks such as a mediocre desulfurization effect and the need for specialized treatment of desulfurization wastewater (see Figure 3-13).

(3) Hydrolysis+Wet (Oxidation) Absorption Process. The hydrolysis reaction produces hydrogen sulfide, which is then converted into sulfur via wet oxidation. Suitable catalysts and oxidants can be selected to accelerate the reaction. This process offers high desulfurization efficiency and it can handle high-sulfur-content gas, enabling sulfur recovery and utilization. However, the process flow is relatively complex, with higher investment and operational costs.

Figure 3-13 Demonstration Project of Hydrolysis + Wet Absorption Process

3.4.1.2 Fabric Filtration Technology for Sintering Machine Head Flue Gas

As an advanced dedusting technology emerging in the ultra-low emission renovation of the steel industry in recent years, fabric filtration technology for the sintering machine head can efficiently capture particulate matter in the roasting flue gas of sintering machines to ensure that particles generated during the hot air sintering process are effectively treated before entering the subsequent flue gas desulfurization and denitrification system. Currently, electrostatic precipitation is widely used in the industry, accounting for over 99% of applications. Although the publicly disclosed enterprises have completed technical retrofitting of four-field or multi-field electrostatic precipitators with reference to the feasible technologies for steel industry emission permits and ultra-low emission requirements, with the increasing demand for lean management of desulfurization and denitrification equipment and cost-effective environmental solutions in industrial operations, for traditional electrostatic precipitators, as operation prolongs, dust accumulation on electrodes and reduced charging capacity will lead to higher particulate emission concentrations at the outlet. Particularly, due to alkali metal dust accumulation, the processing efficiency and service life of downstream desulfurization and denitrification facilities will subsequently be reduced, thus creating an objective necessity for the emergence of this technology. The upgraded fabric filtration technology for sintering machine heads incorporates vertical air intake and spark trapping devices, which has improved the designed outlet particulate emission concentration from 50 mg/m^3 by using traditional electrostatic precipitators to 10 mg/m^3 by using fabric filters while ensuring system safety and reliability, significantly enhancing dust removal efficiency. Enterprises such as Xinyu Iron & Steel Group Co., Ltd., Laiwu Steel Group Co., Ltd. of Shandong Iron & Steel Group, and Guangxi Shenglong Metallurgical Co., Ltd. have adopted this technology and have met the time requirement of stable operation for over a year. The development and deployment of this process address issues such as spark trapping, pre-dust removal of coarse particles, and structural resistance to high negative pressure while avoiding common problems in traditional electrostatic precipitation, such as declining charging capacity and fluctuating particulate emission concentration. The technology guarantees a particulate emission concentration of $\leqslant$10 mg/m^3, a purification efficiency of $\geqslant$99.5%, a system resistance of 800–1000 Pa, over 30% reduction in energy consumption, and more than 20% space savings (see Figure 3-14).

Figure 3-14 Site of Baghouse Dust Collector for Sintering Machine Head

3.4.1.3 Integrated Sintering Machine Head Flue Gas Desulfurization and Denitrification by Activated Carbon/Coke

The activated carbon/coke-based integrated desulfurization and denitrification technology enables the synergistic and efficient removal of sulfur dioxide and nitrogen oxides from sintering machine head roasting flue gas, thus ensuring stable compliance with ultra-low emission limits. Years of operational data indicate that properly designed activated carbon/coke-based integrated desulfurization and denitrification projects generally meet emission standards, though attention must still be paid to secondary pollution issues such as ammonia slip, condensable particulate matter, acid system corrosion, and leakage. For activated carbon/coke projects designed and constructed before the issuance of the

Opinions, insufficient design capacity had led to inadequate nitrogen oxide removal and ammonia escape after overspray of ammonia, which were issues observed in some enterprises. Case studies of enterprises that have completed ultra-low emission renovation in Hebei, Shanxi, Henan, and other regions demonstrate that multi-stage activated carbon/coke series systems or activated carbon/coke combined with SCR processes offer viable solutions. To date, the application of multi-stage activated carbon/coke in series or activated carbon/coke coupled with SCR technology has achieved superior removal efficiency and emission compliance. Currently, nearly 2% of enterprises adopt this technology, selectively operating relevant facilities based on local emission limits to balance compliance and operational costs (see Figure 3-15).

Cross-flow Type

Countercurrent Type

Figure 3-15 Site of Activated Carbon/Coke-Based Desulfurization and Denitrification at Sintering Machine Head

3.4.1.4 Integrated Monitoring-Control Technologies for Unorganized Emissions

According to the requirements of the *Opinions*, given the characteristics and control challenges of unorganized emissions in the steel industry, image intelligent recognition technology was applied for the first time to control particulate matter emissions during iron and steel production. Additionally, dust suppression equipment such as biological nano-films, ultra-fine mist cannons, and dual-fluid dry mist systems was efficiently utilized. Additionally, an integrated Monitoring-Control-Treatment Framework for unorganized emissions in iron and steel production was established by incorporating information technologies including big data, model optimization algorithms, and adaptive machine learning algorithms. The pilot industrial application at Shougang's Qian'an Steel de-

demonstrates that the system comprehensively meets China's ultra-low emission standards for unorganized emission control, enabling real-time linkage of production conditions, operation of unorganized emission control measures, and monitoring data, allowing enterprises to self-validate effectiveness through intelligent monitoring and supervision. To date, over a hundred steel enterprises in China have completed platform construction, ensuring long-term scientific management of ultra-low unorganized emissions. The system composition of the integrated unorganized emission Monitoring-Control framework is illustrated in the Figure 3-16.

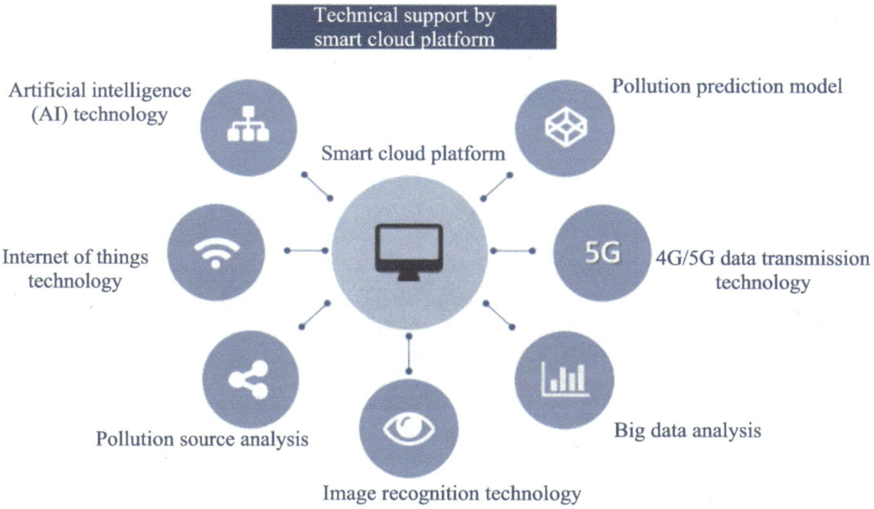

Figure 3-16 Composition of Integrated Unorganized Emission Monitoring-Control-Treatment Framework

(1) Integrated Material Storage Monitoring-Control-Treatment Framework

This technology enables timely, systematic, and precise treatment of unorganized emission sources in material storage areas, effectively reducing unorganized emissions at the source. Key components include vehicle pollution behavior recognition, visual identification technology for dust plume characteristics, advanced ultra-fine mist cannons or dry mist dust suppression devices, high-precision positioning technology, and efficient ultra-fine mist dust reduction technology.

(2) Integrated Material Transportation Monitoring-Control-Treatment Framework

By timely, accurately, and systematically addressing unorganized emission sources during material transportation, this technology minimizes unorganized emissions at the source. It employs the bio-nano membrane dust suppression technology to reduce unorganized emissions of dust from dry powdery materials during loading and unloading, utilizes sealed belt transfer chutes to ensure enclosed material conveyance, and incorporates negative pressure dust collection systems to capture all fugitive dust in belt conveyors, converting fugitive particulate matter emissions into purified organized emissions that meet ultra-low standards.

(3) Integrated Monitoring-Control-Treatment Framework for Plant Area Environment

This technology targets fugitive dust emissions from plant roads through timely, precise, and systematic treatment, effectively reducing fugitive dust emissions at the source. By integrating meteorological data, provincial monitoring station data, on-site micro-station data in the plant area, and production activity data, it uses factor analysis to identify road dust characteristics in the plant area and develops specialized recognition technology. Based on the identified dust patterns and spatial thermal analysis, it pinpoints polluted areas and employs optimized scheduling algorithms to dispatch cleaning vehicles for targeted treatment.

(4) Development of Systematic Technologies and Application Platforms

Utilizing technologies of Artificial Intelligence, Internet of Things, 4G/5G communication, and big data analysis, we developed pollution prediction models, and built systematic technology and application platforms to achieve closed-loop management of data reading, retrieval, statistics, analysis, and regeneration.

3.4.2 Rapid Development of Environmental Protection and Related Industries

The ultra-low emission renovation in the steel industry has led to a cumulative social investment of more than 260 billion yuan, marking a significant milestone in China's green industrial transition and fostering a green new quality productivity force driven by environmental technology innovation. During this process, the environmental protection industry has experienced leapfrog development. With the widespread application of key technologies such as sintering flue gas desulfurization and denitrification, deep blast furnace gas desulfurization, and unorganized emission control, the market demand continues to expand. This has spurred rapid growth in related sectors, including environmental engineering, monitoring equipment, catalysts, and filter materials, further advancing the environmental industry toward high-end and specialized upgrading. Throughout this transformation, environmental enterprises have gradually developed comprehensive capabilities covering design, construction, and operation by technology integration and extended services, providing crucial support for the green and low-carbon transition of China's traditional industries.

With the effective implementation of ultra-low emission initiatives in the steel industry, diesel heavy-duty trucks and non-road mobile machinery, once widely adopted by enterprises, are being phased out. According to the *Opinions on the Promotion and Implementation of Ultra-low Emissions of the Steel Industry*, the steel enterprises failing to achieve an 80% clean transportation ratio for external logistics must transition to cleaner alternatives such as China Standard VI heavy-duty trucks, electric heavy-duty trucks, or hydrogen fuel cell heavy-duty trucks. Non-road mobile machinery must comply with local environmental regulations, which typically require emission standards above China Standard III. The *Limits and Measurement Methods for Pollutants from Heavy-Duty Diesel Vehicles (China VI)* officially took effect on July 1, 2019. However, due to the absence of mandatory phase-out requirements for models under China Standard VI, sales of China Standard VI diesel heavy-duty trucks initially remained sluggish. Nevertheless, with the full enforcement of ultra-low emissions in the steel industry, demand for China Standard VI diesel heavy-duty trucks surged significantly. Despite a generally weak automotive market, sales of these trucks skyrocketed by 176% year-on-year in 2021, continuing an upward trend. Meanwhile, sales of new energy heavy-duty trucks have also soared, reaching 10,513 units in 2021, marking a year-on-year increase of over 220%, with sales of hydrogen fuel cell heavy-duty truck surging 33-fold. By 2024, sales of new energy heavy-duty truck in China hit 82,014 units, maintaining the global top spot with a 139.4% year-on-year surge, demonstrating sustained rapid growth. These trends highlight the significant role of ultra-low emission renovation in the steel industry in driving demand for heavy-duty transport vehicles. Accelerating such transformation at this stage can effectively boost sales of China Standard VI and new energy heavy-duty trucks, thereby contributing to anchoring economic stability.

Driven by national carbon neutrality and environmental policies, advancements in new energy vehicle and off-road mobile machinery technologies, as well as reduced battery costs and improved performance, the new energy heavy-duty truck and off-road mobile machinery sectors have entered a rapid development phase. Currently, the performance of them aligns well with the operational demands of steel enterprises, covering scenarios such as short-distance external transportation, internal logistics, and material handling with off-road mobile machinery. Leveraging the ultra-low emission initiatives in the steel industry, companies and third-party service providers are replacing traditional fuel-powered vehicles and machinery with new energy alternatives. For instance, Baowu Group's Baoshan Steel Base, HBIS Group's Laoting Steel Base, and Rockcheck Group have adopted hydrogen-fueled new energy vehicles for external transportation; Shandong Steel Group's Rizhao Branch, Baotou Steel, Zongheng Steel, and Jinxi Group have used pure electric new energy vehicles for internal logistics and partial external freight operations, achieving significant positive outcomes.

3.5 Leading the World Steel Industry Go Green

With a strong sense of historical responsibility and mission, China's steel industry has made huge investments in green revolution, achieving historic accomplishments and providing Chinese wisdom and solutions for the global steel industry's green and low-carbon transition.

After visiting ultra-low-emission steel enterprises in China, Edwin Basson, Director General of the World Steel Association spoke highly of China's steel industry, stating that "China's steel industry has come to a level of cleanliness that no other country could achieve".

Adopting an open and cooperative approach, China's steel industry shares ultra-low-emission technologies with global peers through various platforms and channels, and transfers these technologies worldwide through international industrial capacity cooperation. Newly constructed steel plants in countries such as India, Vietnam, and Indonesia have adopted China's ultra-low-emission technologies like desulfurization, denitrification, and blast furnace gas deep desulfurization, significantly reducing pollutant emissions. Chinese enterprises have also partnered with existing steel plants in Iran, Saudi Arabia, South Africa, Nigeria, Serbia, Italy, Russia, Brazil, and Argentina, offering ultra-low-emission retrofitting services, including dust control and waste gas recovery technologies, helping reduce environmental pollution and enhance production efficiency in these countries. China's ultra-low-emission technologies in the steel industry have provided vital support for the green and low-carbon transition and sustainable development of global steel industry, making a positive contribution.

Chapter 4

Best Practices

4.1 Shougang Qian'an Steel

4.1.1 Overview

Shougang Qian'an Iron and Steel Company (hereinafter referred to as Shougang Qian'an Steel), a subsidiary of Shougang Group, is located in Qian'an City, northeast Tangshan, Hebei Province. In 2019, Shougang Qian'an Steel began to implement ultra-low emission renovation, becoming a pilot enterprise recommended by the steel industry for such initiatives. Over more than two years, the company invested over 2 billion yuan in ultra-low emission renovation. Among its 183 organized emission outlets, 110 met ultra-low emission standards, while all 2,551 unorganized emission points achieved dust collection, enclosure, and other control requirements. It was recognized by the Ministry of Ecology and Environment as the first Grade A enterprise to achieve ultra-low emissions across all steel production processes, setting an example for the industry. In terms of air pollution control in the steel industry, China has become the only country which has built the world's most advanced ultra-low emission technology system for the entire steel production process. In 2020, Shougang Qian'an Steel became the world's first enterprise to achieve full-process ultra-low emissions.

4.1.2 Key Innovations

As a pilot enterprise, Shougang Qian'an Steel collaborated with research institutes and other units to develop innovative ultra-low emission technologies based on comprehensive studies of pollutant emission characteristics across the entire production process. Guided by the principles of source prevention, process control, and end treatment, the company pioneered stable ultra-low emission technologies for key emission sources, integrated full-process ultra-low emission systems, and an integrated Monitoring-Control-Treatment framework for unorganized emissions (see Figure 4-1).

First, through rigorous monitoring and the collection of extensive emission data, the company identified emission patterns, studied characteristics, developed technologies, and optimized treatment methods, which led to the development and industrial application of a series of coordinated treatment technologies for both organized and unorganized emissions.

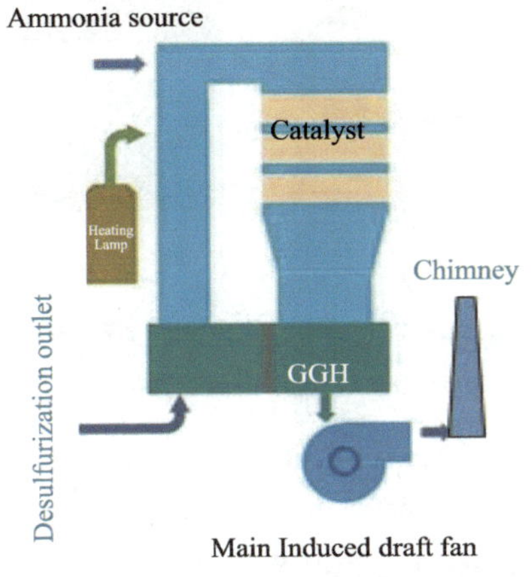

Pellet SCR denitrification process

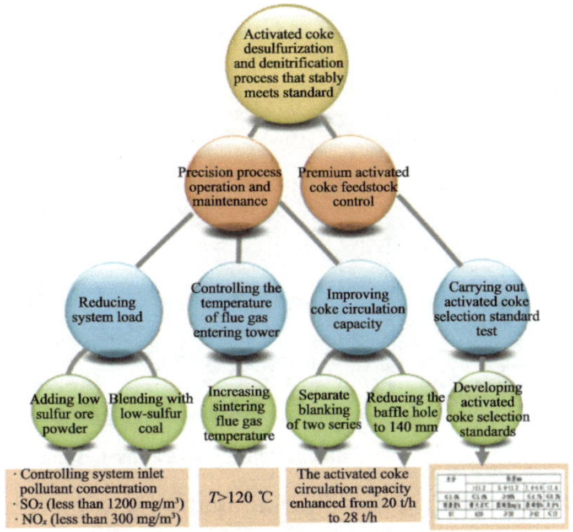

Activated coke-based desulfurization & denitrification optimization technology for sintering flue gas

Mobile CCM ladle turret dust collector

Continuous casting flame cutting fume capture system

Cyclone dust collector

Ejector

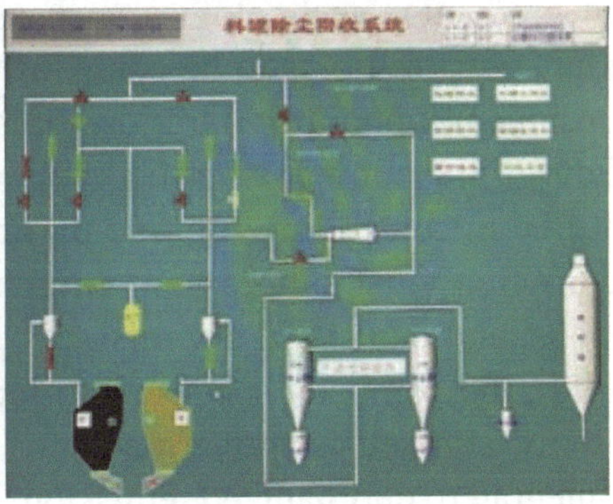

Flow chart of full gas recovery process

Application of full recovery process of blast furnace relieved gas

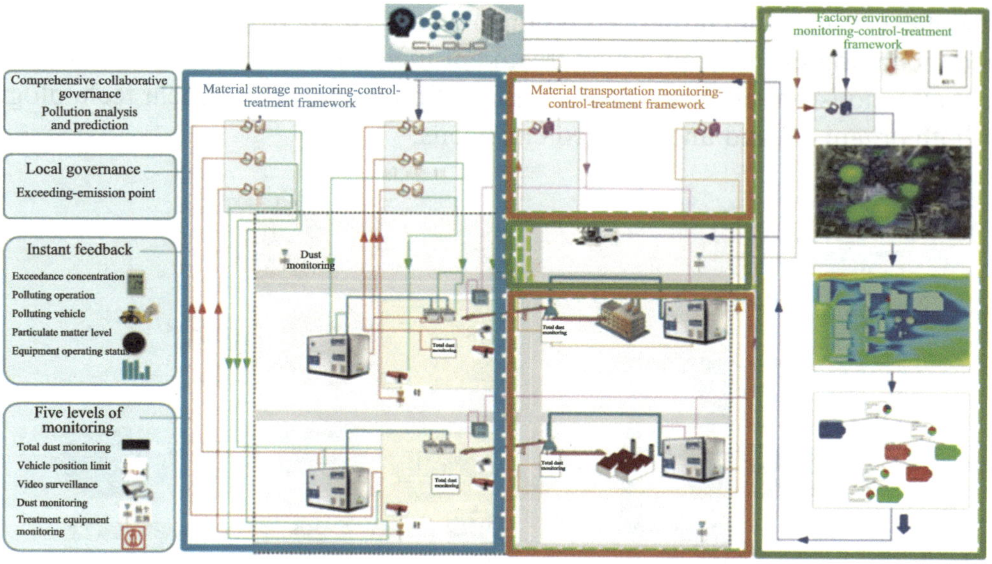

Integrated fugitive emission monitoring-control-treatment framework

Figure 4-1 Shougang Qian'an Steel's Pioneering Full-Process Ultra-low Emission Technology

Second, the company enhanced the long-term stable ultra-low emission performance of desulfurization and denitrification equipment in sintering and pelletizing processes, and innovatively applied SCR denitrification technology to pelletizing flue gas treatment. By implementing measures such as guaranteed premium activated carbon feedstock and precision operation and maintenance, the company achieved emission levels surpassing ultra-low emission standards, with particulate matter <8mg/Nm^3, SO_2 <25mg/Nm^3, and NO_x <40mg/Nm^3.

Third, the company achieved breakthroughs in effective capture of flue gas from ladle turret of continuous casting machine and integration of wet electrostatic precipitators with converter OG dust removal technology. It also developed series of clean production technologies such as full recovery of blast furnace gas during pressure equalization and bleeding, as well as integrated sulfur control, strengthening technical support for ultra-low emissions in iron and steel production.

Fourth, the company applied image intelligent recognition technology for the first time in controlling fugitive particulate emissions in steel production, alongside efficient dust suppression equipment such as bio-nano films, ultra-fine fog cannons, and dual-fluid dry mist.

Fifth, the company successfully incorporated big data, model optimization algorithms, and self-adaptive machine learning algorithms into the construction of an integrated unorganized emission Monitoring-Control-Treatment framework, ensuring long-term and scientific control of ultra-low unorganized emissions.

4.1.3 Outcomes

Shougang Qian'an Steel's innovative technologies provided support for the implementation of the *Opinions on the Promotion and Implementation of Ultra-low Emissions in the Steel Industry*, playing a pivotal leading and demonstrative role in the steady advancement of ultra-low emissions across the industry. After the ultra-low emission renovation, the concentration of nitrogen oxide in sintering decreased from 150 mg/m^3 to 30 mg/m^3, that of sulfur dioxide dropped from 80 mg/m^3 to 20 mg/m^3, and that of particulate matter was reduced from 20 mg/m^3 to approximately 5 mg/m^3.

On the foundation of achieving ultra-low emissions, Qian'an Steel became the first steel enterprise in China to receive a Grade A performance rating, which allowed uninterrupted and unrestricted production during heavy pollution weather, ensuring stable operations to better meet customer demands while enhancing the comprehensive competitiveness of its products. Additionally, after achieving ultra-low emissions, the company now enjoys an annual environmental tax reduction of over 10 million yuan.

Qian'an Steel prioritized greening and beautifying its factory environment as a key measure to establish a modern corporate image and create a model enterprise. With a green area of 1.09 million square meters and a greening rate of 35%, it was honored as a Garden-Style Factory by the Tangshan Municipal Government and recognized as a Provincial Garden-Style Unit by the Hebei Provincial Department of Construction. It also received the title of National Model Unit for Greening (see Figure 4-2).

Figure 4-2 Plant Area Environment of Shougang Qian'an Steel

4.2 Baoshan Iron & Steel Co., Ltd. (Baoshan Base)

4.2.1 Overview

Located in Baoshan District, Shanghai, Baoshan Base is one of the four major production bases of Baoshan Iron & Steel Co., Ltd., a subsidiary of China Baowu Steel Group. With its construction firstly began in December 1978, it has an annual designed crude steel production capacity of 17.7 million tons. Baoshan Base initiated ultra-low emission renovation in 2019 and completed the public disclosure process in 2023. To reduce air pollutant at the source, the company has strengthened source control, strictly limited sulfur content in raw materials and fuels, and taken the lead in adopting advanced clean production and process control technologies. Waste gas recirculation and staged combustion technologies are employed for coke oven heating while high-pressure ammonia water jetting and single-chamber coke oven pressure regulation technologies are utilized for coke oven charging. For Sintering Machine No. 2, the waste gases from the sintering machine head and annular cooler are recycled. Sintering Machine No. 3 reuses medium- and low-temperature waste gases from its annular cooler, with all annular coolers adopting upper and lower water sealing technology. Oxygen-enriched combustion technology is used for the blast furnace hot blast stove, while low-NO_x combustion techniques such as flue gas recirculation and replacement with low-NO_x burners are applied for the rolling mill reheating furnaces and heat treatment furnaces. Additionally, through end optimization retrofitting, stable compliance with ultra-low emission requirements is ensured.

4.2.2 Key Innovations

(1) Achieving Source Emission Reduction via Deep Coke Oven Gas Desulfurization

To help coke oven gas users achieve stable ultra-low emissions, Baosteel implemented hydrolysis-based coke oven gas deep desulfurization retrofitting. Compared to traditional wet processes, this dry desulfurization technology offers simpler processes and higher desulfurization accuracy, and specifically addresses the low organic sulfur removal efficiency, a limitation inherent to wet methods. Though its desulfurization accuracy is not as high as another dry desulfurization method of hydrogenation conversion, it demonstrates significant energy-saving advantages. Unlike conventional hydrolysis desulfurization in coal chemical industries, this technology innovatively adopts a two-stage hydrolysis process, enhancing overall organic sulfur conversion efficiency.

Sampling data indicates that the pre-adsorption tower achieves high H_2S removal rate (waste liquid contains 8% sulfur, mostly carried by regeneration gas to power plants); COS is effectively converted in the first stage of hydrolysis, while CS is primarily converted in the second stage. The system maintains an organic sulfur conversion rate of over 80% and its total sulfur removal rate exceeds 90%. The SO_2 concentration at all the exhausts of heating furnaces in steel rolling has dropped notably, averaging over 50% reduction, with a concentration below $30mg/Nm^3$ (the ultra-low emission limit being $50mg/Nm^3$).

(2) Pioneering the construction of back-up collaborative treatment facilities for coke oven flue gas

Baoshan Base invested 150 million yuan to add a new coke oven flue gas purification unit with a maximum treatment capacity of 40×10^4 Nm^3/h, interconnected with the existing seven units. This creates a "7+1" collaborative control system for deep purification of coke oven flue gas, ensuring full-time compliance with emission standards. The project adopts the technology of integrated countercurrent desulfurization and denitrification with activated carbon (Counter-Current Moving Bed, CCMB). The coal-based granular activated carbon used serves as the catalyst for both desulfurization and denitrification, converting SO_2 and NO_x in the flue gas into sulfuric acid products and harmless nitrogen. Baoshan Base is the first in China's coking industry to achieve full-time ultra-low emissions for coke oven flue gas (see Figure 4-3).

Deep coke oven gas desulfurization

Back-up coke oven flue gas treatment facility

Figure 4-3 Highlight Projects of Baoshan Base of Baosteel

4.2.3 Outcomes

Compared to 2018 before the ultra-low emission renovation, Baoshan Base achieved a significant reduction in pollutant emissions per ton of steel after completing the transformation. From January to September 2022, the emission intensity of particulate matter decreased from 0.294 kg/t to 0.154 kg/t, a reduction of 47.8%; the emission intensity of sulfur dioxide dropped from 0.342 kg/t to 0.167 kg/t, a decline of 51.2%; and the emission intensity of nitrogen oxide fell from 0.634 kg/t to 0.446 kg/t, a decrease of 29.7% (see Figure 4-4).

Figure 4-4　Environmental View of Baosteel Plant Area

4.3 Shanxi Taigang Stainless Steel Co., Ltd.

4.3.1 Overview

Shanxi Taigang Stainless Steel Co., Ltd. (referred to as Taigang Stainless Steel) is located in Jiancaoping District, Taiyuan City, Shanxi Province. As an integrated steel mill, it has an annual crude steel production capacity of 12 million tons. Taking the lead in upgrading and retrofitting, Taigang Stainless Steel is also a recommended ultra-low emission pilot enterprise in the steel industry and the second steel enterprises after Qian'an Steel to complete the assessment, monitoring, and public disclosure process.

4.3.2 Key Innovations

Taigang Stainless Steel is a typical inland integrated steel mill, with raw material sources and consumer markets far from the production site. Its annual external transportation volume of bulk materials and products reaches 40 million tons. Additionally, Taiyuan City is situated in the heart of the Fenwei Plain, a key region for air pollution control in China, facing significant pressure for sustained improvement in air quality. To optimize logistics and transportation structure, achieve ultra-low emissions, and contribute to air quality improvement, Taigang Stainless Steel has actively promoted transportation via pipelines, tubular belt conveyors, railway etc. to optimize transportation structure. For example, fine ore powder is transported over a long distance via a 102-kilometer pipeline for clean delivery, while a multi-level eco-friendly transportation process combining tubular belt conveyors, rail transport, and pneumatic conveying is adopted for lime, and fly ash is transported pneumatically. The company has also upgraded internal railway lines and optimized rail logistics, with coking coal and thermal coal transported exclusively by rail. Clean transportation methods are utilized for over 80% of bulk materials and products. Taigang Stainless Steel is advancing the greening of road transport by gradually increasing the proportion of new energy vehicles. It has deployed 268 new energy heavy-duty trucks, accounting for approximately 71% of intra-factory transport and 15% of external transport. By collaborating with heavy truck manufacturers to build battery-swapping facilities, the company has enhanced transport efficiency and unlocked greater potential for large-scale application (see Figure 4-5).

Pipeline transportation for jianshan iron ore concentrate

Tubular belt for lime

Railway transportation for iron and steel

New energy heavy-duty truck battery swap station

Figure 4-5 Multimodal Clean Transportation of Taigang Stainless Steel

4.3.3 Outcomes

Through ultra-low emission renovation, Taigang Stainless Steel has established an external transportation structure primarily consisting of pipelines, conveyor belts, railways, and new energy heavy-duty trucks, along with an internal transportation system dominated by railways and new energy heavy-duty trucks, which has led to a noticeable improvement in regional air quality and a significant enhancement of the environment in and around the plant.

4.4 HBIS Laoting Iron and Steel Co., Ltd.

4.4.1 Overview

HBIS Laoting Iron and Steel Co., Ltd. (referred to as HBIS Laoting Steel) was established under the HBIS industrial upgrade and Xuansteel capacity relocation project. It officially commenced production on September 7, 2020. Located near Jingtang Port and adjacent to Caofeidian, the company enjoys significant geographical advantages. With an annual crude steel production capacity of 7.47 million tons, HBIS Laoting Steel, as a representative of newly built enterprises, integrated the concept of ultra-low emissions into its design and construction plans from the outset. After completion, the company continued to advance upgrades for ultra-low emissions, with cumulative investments totaling approximately 1.466 billion yuan.

4.4.2 Key Innovations

(1) Fully Enclosed Mechanized Material Yard

Leveraging its coastal advantage, HBIS Laoting Steel constructed fully enclosed belt conveyors from the dock to the material yard to replace traditional road transport. In addition, fully enclosed C-shaped material yards and circular storage silos were constructed for storing iron-bearing raw materials and pulverized coal for injection, respectively. These materials are transported to production processes via stacker-reclaimers and belt conveyors, effectively eliminating intra-plant transfer of raw materials and fuel. Fog cannons are equipped for dust suppression throughout the stacking and reclaiming operations, and a real-time coordination between fog cannons, stacker, and reclaimers is realized through the Eagle Eye intelligent linkage system to effectively suppress dust, achieving ultra-low unorganized emissions during storage and transportation of key raw materials.

(2) Full-coverage Dust Extraction in Steelmaking Workshops

HBIS Laoting Steel's steelmaking workshop features full-coverage dust extraction. Fumes from the converter processes such as scrap charging, hot metal tapping, blowing, steel tapping and slagging are efficiently captured through primary, secondary, and tertiary roof hoods. Customized dust collection solutions are implemented at key process nodes including hot metal pretreatment, refining furnaces, and continuous casting turrets, forming a three-dimensional dedusting network. Fully enclosed belt conveyors are utilized for material transport, with dust collection facilities installed at transfer points to ensure zero dust emission. Roll pressing hot steam soaking technology is adopted for steel slag treatment, which is paired with wet electrostatic precipitators to purify dust-laden steam. By integrating source control and end treatment, HBIS Laoting Steel sets a benchmark for green and clean steel production (see Figure 4-6).

Mechanized Material Yard

Emission control effectiveness in steelmaking workshop

Figure 4-6 Highlight Projects of HBIS Laoting Steel

4.4.3 Outcomes

HBIS Laoting Steel implemented precision monitoring and control concepts and adopted advanced pollution control technologies to consistently achieve ultra-low emissions of various pollutants. The company also utilized cutting-edge information systems for dynamic self-monitoring and verification. Through ultra-low emission renovation, HBIS Laoting Steel significantly enhanced its pollution control capabilities, becoming a model of green transformation leadership. Compared to pre-transformation levels, its particulate matter, sulfur dioxide, and nitrogen oxide emissions decreased by 766.29 t/a, 397.89 t/a, and 994.73 t/a, representing reductions of 23.55%, 20.12%, and 23.91%, respectively.

4.5 Bayuquan Branch of Anshan Iron and Steel Group Co., Ltd.

4.5.1 Overview

Bayuquan Branch of Anshan Iron and Steel Group Co., Ltd. (hereinafter referred to as Ansteel Bayuquan Branch), a subsidiary of Ansteel Group, is located on the eastern coast of Liaodong Bay. It commenced official operations on September 10, 2008. Ansteel Bayuquan Branch employs internationally advanced steel production technologies and equipment, with an annual crude steel production capacity of 6.5 million tons. It has invested 2.5 billion yuan to comprehensively advance ultra-low emission renovation, implementing over 70 retrofitting projects including flue gas dedusting system enhancements, desulfurization and denitrification retrofitting, fully enclosed material yards, and clean transportation improvements.

4.5.2 Key Innovations

The unorganized emission retrofitting at Ansteel Bayuquan Branch was particularly challenging due to the harsh climatic and geological conditions of its coastal location in Northeast China, presenting significant technical and construction difficulties. The world's largest triple-span 246-meter super-long-span pre-stressed pipe truss combined with space frame structure, constructed by Ansteel's Bayuquan Brach, serves as a benchmark for the industry in building extra-large-span enclosed material storage sheds with complex steel structures. The material shed measures approximately 640 meters in length, 550 meters in width, and 68 meters in height at its maximum point, covering a total area of 350,000 square meters (see Figure 4-7).

Figure 4-7 Triple-span Shed-type Material Yard at Ansteel's Bayuquan Branch

4.5.3 Outcomes

Ansteel's Bayuquan Branch adopted a comprehensive technical approach combining source reduction, process control, and end treatment to implement ultra-low emission retrofitting across the entire production process, covering organized emissions, unorganized emissions, and clean transportation, which has significantly enhanced the company's environmental management and control capabilities. After achieving ultra-low emissions in 2024, Ansteel's Bayuquan Brandh recorded emission intensities of 0.42 kg/t for particulate matter, 0.13 kg/t for sulfur dioxide, and 0.50 kg/t for nitrogen oxides, representing reductions of 67.99%, 66.83%, and 70.27%, respectively, compared to pre-transformation levels.

4.6 Nanjing Iron & Steel Co., Ltd.

4.6.1 Overview

Nanjing Iron & Steel Co., Ltd. (hereinafter referred to as Nangang), established in 1958 and currently under the China CITIC Group Corporation, is hailed as the "cradle of Jiangsu's steel industry". With an annual crude steel production capacity of 10 million tons, it ranks among the world's leading producers of medium-thick plates and special steel long products in terms of scale and efficiency. Committed to becoming an "urban green steel plant", Nangang invested 12 billion yuan in ultra-low emission retrofitting projects between 2020 and 2023, achieving comprehensive green transformation across three key areas. For organized emission control, eleven sets of desulfurization and denitrification facilities have been added and 112 dust removal systems have been constructed or upgraded. For unorganized emission management, fully enclosed mechanized material yards and silos have been built, achieving zero exposure in mineral processing and coal handling. In terms of clean transportation, leveraging the advantages of the Yangtze River waterway, a multimodal transport system integrating water, rail, and pipelines has been developed, with the proportion of clean transportation for bulk materials exceeding 80%. A three-year effort of implementing hundreds of environmental projects enabled Nangang to undergo an ecological metamorphosis from an Iron Man to a Green Giant, contributing industrial solutions to regional air quality improvement.

4.6.2 Key Innovations

(1) Enhancing Source Emission Reduction at Stockyards instead of Simple Enclosure Retrofit

As a large steel enterprise with over 60 years of operation, Nangang prioritized source emission reduction. Given the gradual expansion of the plant, the original scattered stockyards, and frequent short-distance transfers, the company abandoned patchwork repairs from a long-term development perspective, opting instead for redesigning and integrating the material storage system, eliminating all small yards, dismantling windbreak and dust suppression nets, and constructing fully enclosed mechanized stockyards.

First, four fully enclosed C-shaped mechanized sheds with a total area of 90,000 square meters were built, capable of storing 980,000 tons of iron ore. The implementation of these sheds fundamentally prevents pollution caused by vehicles entering and exiting the yards, as the gates remain closed at all times. Combined with dust suppression measures, this approach eliminates pollutant generation at the source. The loss rate of powdered materials decreased from 0.65% to 0.3575%, while the loss rate of lump materials dropped from 0.45% to 0.2475%. In addition, the smart and unmanned operation of the stockyards significantly improved production efficiency.

Second, 24 coal silos with a storage capacity of 200,000 tons, 39 coke silos capable of storing 120,000 tons of coke, and 24 lump ore silos with a capacity of 60,000 tons were constructed.

Third, a fully enclosed belt conveyor was built from the dock to the stockyards, along with a 2.3-kilometer tubular belt conveyor to transport blast furnace slag to the micro-powder plant in a sealed manner.

After the ultra-low emission renovation, all major raw and auxiliary materials are transported between the yards (silos) and key processes via enclosed belt conveyors or sealed tubular belt conveyors. This completely resolves the issue of fugitive dust emissions from yard operations and material transportation, effectively reduces the frequency of freight vehicle transfers within the plant, minimizes road dust, and achieves ultra-low unorganized emissions in the storage and transportation of major raw and auxiliary materials.

(2) Optimizing Environmental Protection Technologies with Breakthrough Innovations

During its ultra-low emission renovation, Nangang continuously practiced and increased investment to drive breakthroughs and innovations in environmental protection technologies. For coke oven flue gas treatment, it pioneered the sodium bicarbonate desulfurization process; in coke oven gas desulfurization devices, it boldly adopted DDS biological desulfurization technology; for flue gas treatment in surplus gas-fired generator units, it was the first to successfully implement BSNCR biomass denitrification technology.

Nangang invested 80 million yuan to implement the first sulfur recovery project from desulfurization waste liquid in China's coking industry. Using sulfur foam and desulfurization waste liquid as raw materials to produce sulfuric acid, this project fundamentally resolved the issues of low sulfur quality in HPF desulfurization and secondary environmental pollution caused by desulfurization waste liquid. Concentrated acid production from desulphurization waste liquid is a process of producing concentrated sulfuric acid from sulfur foam at the top of the desulfurization regeneration tower and desulfurization waste liquid, involving concentrating desulfurization waste liquid and burning sulfur slurry to produce sulfuric acid. After the project was put into operation, the hydrogen sulfide content in the gas behind the desulfurization tower could be controlled below 5 mg/m^3, simultaneously eliminating pollution from regeneration tail gas.

(3) Digital Enablement for Smarter Environmental Supervision

Nangang has developed a Smart Environmental Protection Monitoring and Control Platform within its intelligent operation center, equipped with multiple predictive modules. The platform integrates real-time monitoring data from 75 sets of CEMS flue gas online monitoring devices, 318 TSP units, 50 micro air quality monitoring stations, and 12 volatile organic compound monitors installed across the plant. It also incorporates operational parameters from over 100 dedusting equipment and live footage from 121 high-definition video surveillance cameras. This system achieves real-time, precise monitoring and control with capabilities such as full-scene visualization on a single screen, instant access to key indicators, and comprehensive environmental oversight. It ensures the healthy operation of environmental protection facilities and significantly enhances dynamic management and compliance early warning capabilities (see Figure 4-8).

4.6.3 Outcomes

After completing the ultra-low emission renovation, Nangang achieved a dramatic reduction in pollutant emissions and its environmental conditions have been fundamentally improved. Compared to 2019 before the transformation, particulate emissions per ton of steel dropped from 1.443 kg/t to 0.15 kg/t, a decrease of 89.6%; sulfur dioxide emissions per ton of steel fell from 0.279 kg/t to 0.110 kg/t, a reduction of 60.5%; and nitrogen oxide emissions per ton of steel declined from 0.740 kg/t to 0.190 kg/t, a drop of 74.3% (see Figure 4-9).

Silos and C-type enclosed storage sheds

Enclosed belt conveyor

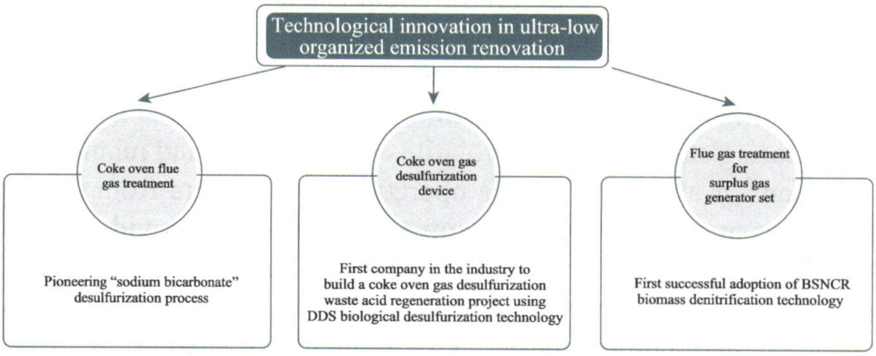

DDS biological desulfurization technology refers to the biochemical iron-alkali solution catalytic gas desulfurization method, a novel wet desulfurization technology, using an alkaline solution containing biochemical desulfurizing agents, thiophilic thermotolerant and alkali-resistant aerobic bacteria, and related auxiliary materials to absorb inorganic sulfur, organic sulfur, and trace amounts of carbon dioxide from coal gas for desulfurization.

BSNCR biomass denitrification technology refers to a new type of flue gas denitrification technology using biomass denitrification agent, with technical characteristics of simple system, low equipment capital, high denitrification efficiency, and wide temperature range, free from secondary pollution and safety issues such as liquid ammonia or ammonia water transportation and storage.

Advanced environmental protection demonstration project

Smart environmental monitoring and control platform

Figure 4-8 Highlight Project of Nangang

4.7 Tianjin Rockcheck Steel Group Co., Ltd.

4.7.1 Overview

Tianjin Rockcheck Steel Group Co., Ltd. (hereinafter referred to as Tianjin Rockcheck) was established on April 28, 2001. It is a leading steel-centric conglomerate with integrated operations spanning logistics/trade and natural resource

Figure 4-9 Environmental Conditions of Nangang Plant Area

development. Actively pursuing transformation and upgrading, Tianjin Rockcheck attaches great importance to environmental management and clean production. The company has continuously increased investments in energy conservation and environmental protection, striving to build a green steel enterprise, which has yielded significant social and economic benefits. On the basis of its original 3.8 billion yuan investment in environmental protection equipment and facilities that already met national emission standards, Tianjin Rockcheck has allocated an additional 1.2 billion yuan for environmental protection. By adopting advanced process technologies in accordance with ultra-low emission requirements, the company is committed to becoming a leading green benchmark steel enterprise in China.

4.7.2 Key Innovations

Driven by China's "dual-carbon" goals, Tianjin Rockcheck is committed to achieving clean ultra-low-emission transportation. By vigorously promoting the integrated development of "hydrogen plus" and "vehicle plus" economy, and extensively deploying hydrogen-powered heavy-duty trucks, the company has established itself as a new showcase for hydrogen transportation in China.

In 2021 during the ultra-low emission assessment period, Tianjin Rockcheck successfully completed its self-use hydrogen energy project in Tianjin, marking the birth of the city's first hydrogen energy transportation demonstration application scenario. The company has now established a zero-carbon freight transportation system with integrated green hydrogen production, storage, and refueling. Utilizing power generated from fish-farming-combined floating PV as the energy source and reclaimed water from treated municipal sewage as the water source, the hydrogen production station can produce 1,300 Nm^3/h of 99.999% pure hydrogen, fueling the company's hydrogen fuel cell heavy-duty trucks via an on-site 1,000 kg hydrogen refueling station, while the by-product oxygen is used in the production processes of Tianjin Rockcheck's steel plant. It achieves zero freshwater consumption and zero wastewater and carbon dioxide emissions, establishing a closed-loop green hydrogen industry chain covering production, storage, refueling, and usage in freight transport.

Currently, Tianjin Rockcheck has built and put into operation four hydrogen refueling stations, with 275 hydrogen fuel cell heavy-duty trucks in stable operation, which have cumulatively refueled approximately 1,300 tons of hydrogen, traveled over 10 million kilometers, and transported nearly 11 million tons of cargo, reducing carbon dioxide emissions by nearly 10,000 tons. The company has successfully established three zero-carbon freight routes, injecting new hydrogen-powered momentum into the green and low-carbon upgrading and transition of bulk cargo transportation for ports and large industrial enterprises, creating a strong demonstration effect.

4.7.3 Outcomes

After implementing ultra-low emission renovation, Tianjin Rockcheck has achieved significant pollution control outcomes, with pollutant emission concentrations consistently meeting ultra-low emission requirements. Throughout 2021, the company's pollutant emission intensity reached an advanced level in the industry. Compared to 2018 before the transformation, the emissions per ton of steel for particulate matter, sulfur dioxide, and nitrogen oxides decreased by 20%, 78.95%, and 69.49%, respectively.

4.8 Hebei Zongheng Group

4.8.1 Overview

Hebei Zongheng Group Fengnan Iron and Steel Co., Ltd. (hereinafter referred to as Zongheng Steel) is one of the large-scale steel enterprise groups in Hebei Province. It is also the first urban steel enterprise in Hebei Province to undergo restructuring consolidation and relocation to coastal areas. The company achieved full production in August 2020.

Zongheng Steel was constructed with the objectives of compact layout, advanced processes, high-end equipment, green and low-carbon practices, and high efficiency. The project was planned and built with high standards, and the major equipment were manufactured by renowned domestic enterprises. Over 200 million yuan was invested in establishing an information management platform and an intelligent control center, enabling fully automated control and intelligent management throughout the entire production process. The company has implemented ultra-low emission renovation in accordance with stringent requirements, accumulating an additional 2.8 billion yuan investment in environmental protection, significantly exceeding those of peer enterprises.

4.8.2 Key Innovations

(1) Pioneering All-Cooling-Section Waste Heat Recovery and Utilization Technology for the Sintering Circular Coolers

Addressing the current high-temperature waste heat in the third and fourth sections of the sintering circular coolers, Zongheng Steel pioneered an innovative triple-pressure waste heat recovery system specifically for these sections. The waste heat boiler generates steam of multiple parameters, which is supplied to power generation units and auxiliary pipelines accordingly. The exhaust gas from the fifth section is redirected to the hot-air ignition and flue gas circulation system after heat exchange, expanding waste heat recovery from the original first and second sections to all cooling sections. After implementation, the project delivers an annual economic benefit of 155.88 million yuan, saves 171,000 tons of standard coal equivalent, reduces CO_2 emissions by 435,000 tons annually, and achieves zero exhaust emissions and dust leakage, ensuring both economic and environmental benefits.

(2) Dual Guaranteed Activated Carbon + SCR Denitrification for Sintering Machine Head Flue Gas

Adhering to the principle of prioritizing environmental governance quality and effectiveness, Zongheng Steel sets no cap for environmental investment. Taking sintering machine head flue gas treatment as an example, beyond the original design of “high-efficiency twin-chamber four-field electrostatic precipitation + activated coke flue gas purification”, the company invested over 500 million yuan per sintering machine to add “secondary medium-temperature SCR denitrification + high-efficiency fabric filters”. This technical solution ensures stable emissions of particulate matter, sulfur dioxide, and nitrogen oxides consistently below ultra-low emission limits (see Figure 4-10).

Full-cooling-section waste heat recovery and utilization

Sintering machine flue gas circulation

Activated carbon + SCR denitrification for sintering machine head flue gas

Figure 4-10 Highlight Project of Zongheng Steel

4.8.3 Outcomes

After the transformation, the pollutant emission concentrations at Zongheng Steel have consistently met the ultra-low emission limit requirements. The primary air pollutant emissions per ton of steel are as follows: particulate matter at 0.25 kg/t, sulfur dioxide at 0.07 kg/t, and nitrogen oxides at 0.28 kg/t, achieving industry-leading standards (see Figure 4-11).

Figure 4-11 On-site Renovation Status of Zongheng Steel

4.9 Zenith Steel Group Nantong Co., Ltd.

4.9.1 Overview

Zenith Steel Group Nantong Co., Ltd. (hereinafter referred to as Zenith Nantong) commenced construction in 2020. Fully leveraging the advantages of Nantong Port and its integrated transportation network, the company has established a high-efficiency, eco-friendly, and sustainable high-quality steel production base rooted in smart manufacturing.

Zenith Nantong rigorously adhered to ultra-low emission standards in both design and construction, with all organized emissions achieving "ultra-low status upon completion" as a benchmark demonstration project. In addressing unorganized emissions, the company has concurrently constructed high-standard coke silos and fully enclosed mechanized material sheds, achieving zero exposure in mineral processing, coal handling, and material transport. For clean transportation initiatives, the company fully leverages the advantages of seaports and inland river ports, with bulk materials and products entering/leaving the plant area primarily transported via waterway—share of clean transport reaching over 80%.

4.9.2 Key Innovations

Zenith Nantong invested approximately 220 million yuan to equip the newly constructed blast furnaces with a complete coal gas deep desulfurization system. Blast furnaces No. 1 and No. 2 adopted "hydrolysis catalysis + adsorption" technology, while Blast furnace No. 3 utilized "hydrolysis catalysis + dry desulfurization" technology. The company has constructed China's first sulfur recovery system for blast furnace gas, converting sulfur-rich gas from the deep desulfurization system's regeneration exhaust into solid sulfur through sulfur production and recovery units, thereby achieving a closed-loop green industrial chain of "desulfurization – recovery – value addition" (see Figure 4-12).

4.9.3 Outcomes

Through systematic innovation in ultra-low emission renovation, Zenith Nantong has achieved breakthrough progress in realizing a win-win scenario, balancing environmental benefits with economic gains. By implementing the deep desulfurization and sulfur recovery project on Blast Furnaces No. 1 and No. 2, the company produces nearly 1,000 tons of high-purity elemental sulfur annually while reducing hazardous waste from desulfurization adsorbents by approximately 20,000 tons per year. The economic revenue from sulfur products combined with the savings on solid waste disposal costs generate an annual economic

Figure 4-12 Blast Furnace Gas Deep Desulfurization and Sulfur Recovery Project

benefit of around 30 million yuan, achieving closed-loop value conversion through resource utilization of pollutants.

4.10 Jinnan Steel Group

4.10.1 Overview

Shanxi Jinnan Steel Group (hereinafter referred to as "Jinnan Steel"), located in Quwo Economic and Technological Development Zone, Linfen City, is a green and low-carbon demonstration private enterprise with a consolidated business model spanning steelmaking, coking, high-end chemicals, and new energy. As the largest section steel production base in Northwest China, Jinnan Steel serves as the hydrogen energy industry chain leader in Shanxi. Besides, leveraging its industrial advantages of steel-coking integration and steel-chemical co-production, it has pioneered a full-cycle industrial chain of "steel- coking-chemicals-hydrogen+green power" in China. Jinnan Steel strictly adheres to ultra-low emission standards in design and construction, with all its organized emission control projects achieving "ultra-low status upon completion" as demonstration projects. For unorganized emissions, the company has not only achieved zero exposure in mineral processing, coal handling, material transport, and iron production, but also implemented precise and scientific pollution control and management. In addition, building on its existing railway transport for raw materials, the company has purchased over 500 hydrogen-powered heavy-duty trucks, achieving zero-carbon short-distance transportation.

4.10.2 Key Innovations

Fully leveraging its complementary resource advantages, Jinnan Steel pioneered a new model of coupled development. By utilizing by-product gas from steel production to manufacture high-value-added ethylene glycol, the company achieves carbon fixation through chemical processes. Additionally, the company has developed a triple intelligent safety control technology that integrates physical self-protection, process self-protection intelligent linkage, and emergency self-protection cut-off for hydrogen injection in blast furnaces, which ensures the coupled matching and intelligent scheduling of energy mediums such as steam and nitrogen in the steel sector with gases used for chemical production, enabling cross-industry collaboration in pollution and carbon reduction. The "steel-coke-chemical-hydrogen + green power" model establishes a new paradigm for coupled development between steel and chemical enterprises, playing a significant role in advancing industrial upgrading, intelligentization, and green transformation, as well as accelerating the formation of new quality productive forces (see Figure 4-13).

Figure 4-13 View of Woneng Chemical Plant Area

4.10.3 Outcomes

Adhering to the principles of "prioritizing environmental protection, phasing out small-scale backward capacity for scaled modernization, and replacing capacity at a reduced scale", Jinnan Steel has completed capacity replacement and upgrading, as well as ultra-low emission renovation, achieving a significant annual emission reduction of 329 tons of particulate matter, 131 tons of sulfur dioxide, and 959 tons of nitrogen oxides compared to the original Liheng Steel (now dismantled and phased out). Meanwhile, Jinnan Steel has achieved full coverage of zero-carbon short-distance logistics, reducing carbon emissions by approximately 200 tons per vehicle and 100,000 tons annually in material transportation.

4.11 Xuzhou Jinhong Iron and Steel Group Co., Ltd.

4.11.1 Overview

Xuzhou Jinhong Iron and Steel Group Co., Ltd. (hereinafter referred to as Jinhong Steel) is located on the north side of Xufeng Road, Jing'an Town, Pei County, Xuzhou City, Jiangsu Province. It is a private shareholding EAF route-based steel enterprise with a designed steelmaking capacity of 1 million tons.

Jinhong Steel has invested approximately 260 million yuan in ultra-low emission renovation, covering standardized modification of sampling platforms, tertiary dedusting retrofits for EAF flue gas, enclosed dust extraction retrofits at the Consteel continuous preheating feeding system and alloy addition system feeding ports, and material supply conveyors (such as lime blocks and carburizers), roof flue gas capture in the continuous casting process, dedusting retrofits for continuous casting pouring, withdrawal & straightening, and hot repair operations, enclosure of raw material storage workshops, low-nitrogen combustion and SCR low-temperature denitrification retrofits for heating furnaces, establishment of a unorganized emission control platform, along with installation of DCS and high-definition monitoring and surveillance equipment, and the replacement of clean transport vehicles.

4.11.2 Key Innovations

(1) Jinhong Steel adopts EAF route steelmaking, with SO_2 and NO_x emissions per ton of steel accounting for only 2% and 21% respectively of those from BF-BOF route steelmaking with sintering. By implementing continuous casting and rolling technology, the company has significantly improved waste heat utilization, eliminating the need for secondary heating of billets in reheating furnaces and substantially reducing pollutant emissions.

(2) Throughout its development, Jinhong Steel has consistently adhered to green and low-carbon principles. The company has invested over 100 million yuan to customize distributed photovoltaic power generation systems for standardized workshops, office buildings, parking sheds, and water storage tanks. Currently, the company has an installed photovoltaic capacity of approximately 85 megawatts, generating 100 million kWh of green electricity annually, with a green power ratio of 20%. It reduces CO_2 emissions by about 50,000 tons per year, achieving green and low-carbon development (see Figure 4-14).

Environment inside workshop

Workshop installed with distributed PV system

Figure 4-14 View of Xuzhou Jinhong

4.11.3 Outcomes

After Jinhong Steel completed the ultra-low emission renovation, its particulate matter emissions were reduced by 5.42 tons, sulfur dioxide by 8.53 tons, and nitrogen oxides by 1.77 tons. The pollutant emissions per ton steel are: particulate matter at 0.013 kg/t, sulfur dioxide nearly eliminated (zero emissions), and nitrogen oxides at 0.002 kg/t, representing reductions of 61.7%, 99.8%, and 73.8% respectively compared to pre-transformation levels.

Chapter 5

Conclusions

China's steel enterprises have invested over 260 billion yuan in ultra-low emission renovation, achieving remarkable results. It is estimated that by 2025, more than 80% of China's crude steel production capacity will complete full-process ultra-low emission renovation, and a world-leading level will be reached in air pollutant emission intensity. With the in-depth promotion of ultra-low emissions, an increasing number of enterprises have realized that the comprehensive implementation of ultra-low emissions relies not only on hardware but also on advanced management models for support.

Currently, major steel enterprises in China are actively exploring and establishing outstanding environmental performance management models. On one hand, they are strengthening environmental management institutions and systems. Environmental protection committees or joint conferences have been set up to review critical matters such as supervision and inspection, performance evaluation, organizational adjustments, and rectification implementation. A comprehensive compensation and appraisal system tailored to environmental goals is developed to enhance operational feasibility, and an internal oversight mechanism has been established to increase inspection frequency and to ensure effective implementation of policies. On the other hand, they have built smart environmental cloud platforms to support superior environmental performance management. Intelligent decision-making systems based on the need to maintain continuous advancement and stability of environmental technology and management have been constructed. By breaking technical barriers caused by disconnected environmental equipment and improving cross-department coordination, these systems enable seamless data connectivity between objects, personnel, objects and personnel, processes, and quality control, as well as processes and management systems. This ensures high-quality and scalable data utilization and facilitates an integrated restructuring of environmental management informatization, laying the groundwork for unmanned management and decision-making in smart environmental protection. The intelligent environmental informatization system enables integrated pollution prevention and control at production discharge points through process mapping, AI, and environmental intelligence. By synergizing end treatment with source reduction, it dynamically optimizes both fugitive and organized emissions governance. This system provides comprehensive guidance for source reduction, process control, and end treatment while integrating workforce and equipment management into a compliance-based flexible supervision framework. Incorporating advanced performance-excellence principles into existing environmental management practices, it replaces arbitrary operations with intelligent decision-making. Serving as an enterprise's smart virtual eco-steward, the system continuously refines environmental excellence management models, positioning enterprises as pioneers and leaders in advancing environmental protection through the states of "Awareness-Lean Practices-Excellence".

Closely aligning with the national dual-carbon goals, China's steel industry has created synergies for cutting carbon emissions, reducing pollution, expanding green development, and stimulating economic growth. The industry has long prioritized green and low-carbon development, achieving significant progress in recent years through the promotion of advanced energy-saving and low-carbon technologies, the application of intelligent management systems, the recycling of scrap steel resources, and the optimization of production processes. Following the Chinese government's clear vision and targets for low-carbon development, the steel industry has responded proactively and swiftly, actively fostering the establishment of a development theory system centered on low-carbon principles and planning ahead for carbon peaking and emission reduction pathways. In 2022, China Iron and Steel Association established a Low-Carbon Promotion Committee, released the *Carbon Neutrality Vision and Technology Roadmap for China's Steel Industry*, officially launched the Environmental Product Declaration (EPD) platform for the steel industry, vigorously advanced the Extreme Energy Efficiency Project, and proposed a support plan for the development of world-leading low-carbon common technologies. Several enterprises, including China Baowu, Ansteel Group, HBIS Group, Baotou Steel, Jianlong Group, and CITIC Group, have successively released low-carbon declarations, outlining their action plans for low-carbon development with clear goals, primary carbon reduction pathways, and technical solutions. Meanwhile, steel enterprises are actively exploring and implementing cutting-edge carbon reduction technologies. China Baowu has taken the lead in establishing the Global Low-Carbon Metallurgy Innovation Alliance, vigorously promoting the research, development, and application of low-carbon smelting technologies in the steel industry. A number of pioneering enterprises, including Baowu Group, have embarked on the development of breakthrough low-carbon technologies and the engineering implementation of the world's latest low-carbon production processes.

As a vital foundational material, iron and steel have been utilized by humanity for over three thousand years. With technological advancements and the evolution of eras, iron and steel have continually been infused with new significance, embodying innovative elements such as environmental sustainability, low-carbon practices, and smart technologies. Over the past decade, China's steel industry has made tremendous efforts, invested substantial resources, and actively pursued innovative practices, successfully establishing the world's largest clean production base for iron and steel materials. Its sustainable development now demonstrates remarkable resilience and vibrant vitality. Moving forward, China's steel industry will remain steadfast in promoting green and low-carbon transformation, supporting and driving a broader global green revolution in the steel industry. It will relentlessly strive to achieve the dual carbon goals, contributing to China's modernization and the sustainable development of global steel industry.

Appendix

Appendix I　Publicly Disclosed Ultra-low Emission Enterprises List

No.	Province	City	Enterprise name	Enterprise type	Disclosure item	Disclosed capacity /10,000 ton
1	Hebei	Tangshan	Shougang Qian'an Iron and Steel Co., Ltd.	Integrated steel mill	Full process	800
2	Shanxi	Taiyuan	Shanxi Taigang Stainless Steel Co., Ltd.	Integrated steel mill	Full process	1200
3	Hebei	Tangshan	Shougang Jingtang Iron & Steel United Co., Ltd.	Integrated steel mill	Full process	1370
4	Hebei	Xingtai	Delong Steel Co., Ltd.	Integrated steel mill	Full process	300
5	Shandong	Rizhao	Shandong Iron and Steel Group · Rizhao Co., Ltd.	Integrated steel mill	Full process	850
6	Hebei	Handan	Xinxing Ductile Iron Pipes Co., Ltd.	Integrated steel mill	Full process	192
7	Hebei	Tangshan	Hebei Zongheng Group Fengnan Iron & Steel Co., Ltd.	Integrated steel mill	Full process	770
8	Shanxi	Changzhi	Shougang Changzhi Steel Co., Ltd.	Integrated steel mill	Full process	360
9	Henan	Anyang	Anyang Iron & Steel Co., Ltd.	Integrated steel mill	Full process	607.3
10	Shanxi	Yuncheng	Shanxi Jianlong Industrial Co., Ltd.	Integrated steel mill	Full process	655
11	Shanxi	Linfen	Shanxi Jinnan Iron & Steel Group Co., Ltd. (including Phase II)	Integrated steel mill	Full process	490
12	Shandong	Jinan	Shandong Iron & Steel Co., Ltd. Laiwu Branch	Integrated steel mill	Full process	1000
13	Shaanxi	Hancheng	Shaanxi Longmen Iron & Steel Co., Ltd.	Integrated steel mill	Full process	700
14	Shandong	Qingdao	Qingdao Special Iron and Steel Co., Ltd. (including expansion)	Integrated steel mill	Full process	417
15	Shandong	Dezhou	Shandong Laigang Yongfeng Iron & Steel Co., Ltd.	Integrated steel mill	Full process	280
16	Hebei	Cangzhou	Cangzhou Zhongtie Equipment Manufacturing Material Co., Ltd.	Integrated steel mill	Full process	540

Continued

No.	Province	City	Enterprise name	Enterprise type	Disclosure item	Disclosed capacity /10,000 ton
17	Hebei	Shijia-zhuang	Jingye Steel Co., Ltd.	Integrated steel mill	Full process	600
18	Henan	Anyang	Anyang Xinpu Iron & Steel Co., Ltd.	Integrated steel mill	Full process	200
19	Hebei	Tangshan	Hebei Jinxi Iron & Steel Group Co., Ltd. (West Plant)	Integrated steel mill	Full process	500
20	Guang-dong	Zhanjiang	Baosteel Zhanjiang Iron & Steel Co., Ltd.	Integrated steel mill	Full process	1252.8
21	Hebei	Tangshan	HBIS Group Laoting Iron and Steel Co., Ltd.	Integrated steel mill	Full process	747
22	Hebei	Tangshan	Tangshan Ganglu Iron and Steel Co., Ltd.	Integrated steel mill	Full process	480
23	Hebei	Tangshan	Tangshan Ruifeng Iron and Steel (Group) Co., Ltd.	Integrated steel mill	Full process	450
24	Hebei	Tangshan	Tangshan Donghua Iron and Steel Enterprise Group Co., Ltd. (including Kaiheng)	Integrated steel mill	Full process	375
25	Hebei	Shijia-zhuang	Shijiazhuang Iron and Steel Co., Ltd. Special Steel Branch	Mini-mill	Full process	200
26	Hebei	Tangshan	Tangshan Donghai Iron and Steel Group Co., Ltd.	Integrated steel mill	Full process	360
27	Jiangsu	Zhang-jiagang	Jiangsu Yonggang Group Co., Ltd.	Integrated steel mill	Full process	810
28	Tianjin	Municipal district	Tianjin Iron and Steel Group Co., Ltd.	Integrated steel mill	Full process	405
29	Henan	Anyang	Anyang Yuhe Yongtong Pellet Co., Ltd.	Pellet plant	Full process	—
30	Tianjin	Municipal district	Tianjin New Tiangang United Special Steel Co., Ltd.	Integrated steel mill	Full process	420
31	Shandong	Linyi	Shandong Iron and Steel Group Yongfeng Lingang Co., Ltd.	Integrated steel mill	Full process	510
32	Tianjin	Municipal district	Tianjin Rockcheck Steel Group Co., Ltd.	Integrated steel mill	Full process	420
33	Jiangsu	Xuzhou	Xuzhou Jinhong Iron and Steel Group Co., Ltd.	Mini-mill	Full process	100
34	Shandong	Binzhou	Xiwang Metal Technology Co., Ltd.	Integrated steel mill	Full process	300
35	Hebei	Handan	Jinding Heavy Industry Co., Ltd.	Integrated steel mill	Full process	240
36	Hebei	Handan	Handan Iron and Steel Group Co., Ltd.	Integrated steel mill	Full process	536

Continued

No.	Province	City	Enterprise name	Enterprise type	Disclosure item	Disclosed capacity /10,000 ton
37	Jiangsu	Suzhou	Changshu Longteng Special Steel Co., Ltd.	Integrated steel mill	Full process	320
38	Hebei	Tangshan	Hebei Xinda Iron and Steel Group Co., Ltd.	Integrated steel mill	Full process	470
39	Shandong	Tai'an	Shiheng Special Steel Group Co., Ltd.	Integrated steel mill	Full process	465
40	Hebei	Tangshan	Hebei Donghai Special Steel Group Co., Ltd.	Integrated steel mill	Full process	730
41	Jiangsu	Suzhou	POSCO (Zhangjiagang) Stainless Steel Co., Ltd.	Mini-mill	Full process	110
42	Shanghai	Shanghai	Baoshan Iron & Steel Co., Ltd. (Baoshan Base)	Integrated steel mill	Full process	1772.1
43	Hebei	Chengde	Chengde Jianlong Special Steel Co., Ltd.	Integrated steel mill	Full process	220
44	Shandong	Weifang	Shandong Shouguang Juneng Special Steel Co., Ltd.	Integrated steel mill	Full process	220
45	Hubei	Ezhou	Baowu Group Echeng Iron & Steel Co., Ltd.	Integrated steel mill	Full process	401
46	Shandong	Weifang	Shandong Luli Iron & Steel Co., Ltd.	Integrated steel mill	Full process	150
47	Hebei	Handan	Hebei Puyang Iron & Steel Co., Ltd.	Integrated steel mill	Full process	391.67
48	Hebei	Tangshan	Tangshan Shoutang Baosheng Functional Materials Co., Ltd.	Mini-mill	Full process	30
49	Tianjin	Municipal district	Tianjin Pipe Corporation	Integrated steel mill	Full process	220
50	Hebei	Tangshan	Tangshan Medium Thick Plate Co., Ltd.	Integrated steel mill	Full process	360
51	Shanxi	Jincheng	Shanxi Jingang Manufacturing Technology Industrial Co., Ltd.	Integrated steel mill	Full process	460
52	Anhui	Maanshan	Maanshan Iron & Steel Co., Ltd.	Integrated steel mill	Full process	1296
53	Hebei	Tangshan	Tangshan Yutian Jinzhou Industrial Co., Ltd.	Mini-mill	Full process	70
54	Anhui	Maanshan	Anhui Changjiang Iron & Steel Co., Ltd.	Integrated steel mill	Full process	370
55	Hebei	Tangshan	Hebei Tianzhu Iron & Steel Group Co., Ltd.	Integrated steel mill	Full process	280
56	Hebei	Qinhuangdao	Qinhuangdao Hongxing Iron & Steel Co., Ltd.	Integrated steel mill	Full process	345

Continued

No.	Province	City	Enterprise name	Enterprise type	Disclosure item	Disclosed capacity /10,000 ton
57	Hebei	Handan	Hebei Huaxin Special Steel Co., Ltd.	Integrated steel mill	Full process	110
58	Jiangsu	Suzhou	Jiangsu Shagang Group Co., Ltd.	Integrated steel mill	Full process	2262
59	Jiangsu	Wuxi	Jiangyin Xingcheng Special Steel Works Co., Ltd.	Integrated steel mill	Full process	665
60	Shandong	Weifang	Weifang Special Steel Group Co., Ltd.	Integrated steel mill	Full process	320
61	Hebei	Qinhuang-dao	Hebei Anfeng Iron & Steel Co., Ltd.	Integrated steel mill	Full process	710
62	Hebei	Tangshan	Tangshan Zhengfeng Iron & Steel Co., Ltd.	Mini-mill	Full process	180
63	Jiangsu	Nanjing	Nanjing Iron & Steel Co., Ltd.	Integrated steel mill	Full process	1000
64	Jiangsu	Huai'an	Jiangsu Shagang Group Huai-gang Special Steel Co., Ltd.	Integrated steel mill	Full process	240
65	Hebei	Qinhuang-dao	Qinglong Manchu Autonomous County Delong Foundry Devel-opment Co., Ltd.	Integrated steel mill	Full process	120
66	Hebei	Handan	Hebei Taihang Iron & Steel Group Co., Ltd.	Integrated steel mill	Full process	395
67	Hebei	Handan	Jinan Iron & Steel Group Co., Ltd.	Integrated steel mill	Full process	205
68	Shandong	Rizhao	Rizhao Steel Holding Group Co., Ltd.	Integrated steel mill	Full process	1895
69	Shandong	Jinan	Shandong Taishan Steel Group Co., Ltd.	Integrated steel mill	Full process	337
70	Henan	Anyang	Henan Fengbao Special Steel Co., Ltd.	Integrated steel mill	Full process	150
71	Hebei	Handan	Hebei Xinjin Iron & Steel Co., Ltd.	Integrated steel mill	Full process	240
72	Hebei	Tangshan	Hebei Yanshan Iron & Steel Group Co., Ltd.	Integrated steel mill	Full process	795
73	Jiangsu	Nanjing	Shanghai Meishan Iron & Steel Co., Ltd.	Integrated steel mill	Full process	760
74	Jiangsu	Lianyun-gang	Lianyungang Huale Alloy Group Co., Ltd.	Integrated steel mill	Full process	95
75	Suchuan	Liangshan-zhou	Pangang Group Xichang Steel & Vanadium Co., Ltd.	Integrated steel mill	Full process	400
76	Jiangsu	Changzhou	Zenith Steel Group Co., Ltd.	Integrated steel mill	Full process	360

Continued

No.	Province	City	Enterprise name	Enterprise type	Disclosure item	Disclosed capacity /10,000 ton
77	Jiangsu	Xuzhou	Jiangsu Xugang Iron & Steel Group Co., Ltd.	Integrated steel mill	Full process	295
78	Hubei	Wuhan	Wuhan Iron & Steel Co., Ltd.	Integrated steel mill	Full process	1590
79	Jiangsu	Xuzhou	Zhongxin Iron & Steel Group Co., Ltd.	Integrated steel mill	Full process	570
80	Hebei	Handan	Hebei Xinwu'an Iron & Steel Group Xinhui Metallurgy Co., Ltd.	Mini-mill	Full process	68.5
81	Hebei	Xinji	Xinji Aosen Special Steel Group Co., Ltd.	Integrated steel mill	Full process	405
82	Jiangsu	Yancheng	Yancheng Lianxin Iron & Steel Co., Ltd.	Integrated steel mill	Full process	270
83	Shandong	Jinan	Shandong Jiuyang Group Co., Ltd.	Integrated steel mill	Full process	300
84	Jiangsu	Changzhou	Changzhou Dongfang Special Steel Co., Ltd.	Integrated steel mill	Full process	230
85	Hebei	Handan	Zhongpu (Handan) Iron & Steel Co., Ltd.	Integrated steel mill	Full process	100
86	Hebei	Tangshan	Hebei Rongxin Iron & Steel Co., Ltd.	Integrated steel mill	Full process	200
87	Hebei	Tangshan	Tangshan Wenfeng Special Steel Co., Ltd.	Integrated steel mill	Full process	240
88	Jiangsu	Zhenjiang	Jiangsu Hongtai Iron & Steel Co., Ltd.	Mini-mill	Full process	157.5
89	Liaoning	Yingkou	Bayuquan Steel Branch of Angang Co., Ltd.	Integrated steel mill	Full process	650
90	Jiangsu	Yangzhou	Yangzhou Qinyou Special Metal Materials Co., Ltd.	Integrated steel mill	Full process	240
91	Jiangsu	Yangzhou	Yangzhou Huahang Special Steel Co., Ltd.	Mini-mill	Full process	60
92	Shaanxi	Weinan	Shaanxi Huaxin Special Steel Group Co., Ltd. (Electric Furnace)	Mini-mill	Full process	120
93	Jiangsu	Nantong	Zenith Steel Group (Nantong) Co., Ltd.	Integrated steel mill	Full process	585
94	Guangdong	Shaoguan	Guangdong Zhongnan Iron and Steel Co., Ltd.	Integrated steel mill	Full process	620
95	Shandong	Linyi	Linyi Iron and Steel Investment Group Special Steel Co., Ltd.	Integrated steel mill	Full process	270
96	Hebei	Qinhuangdao	Qinhuangdao Baigong Iron and Steel Co., Ltd.	Integrated steel mill	Full process	151

Continued

No.	Province	City	Enterprise name	Enterprise type	Disclosure item	Disclosed capacity /10,000 ton
97	Hebei	Tangshan	Hebei Tangyin Iron and Steel Co., Ltd.	Integrated steel mill	Full process	200
98	Jiangsu	Taizhou	Jiangsu Changqiang Iron and Steel Co., Ltd.	Integrated steel mill	Full process	170
99	Hebei	Handan	Handan Nengjia Iron and Steel Co., Ltd.	Integrated steel mill	Full process	200
100	Jiangsu	Lianyun-gang	Jiangsu Binxin Steel Group Co., Ltd.	Integrated steel mill	Full process	300
101	Hebei	Handan	Hebei Yongyang Special Steel Group Co., Ltd.	Integrated steel mill	Full process	120
102	Jiangsu	Lianyun-gang	Lianyungang Xingxin Iron and Steel Co., Ltd.	Integrated steel mill	Full process	300
103	Hebei	Handan	Tianjin Iron Plant	Integrated steel mill	Full process	400
104	Inner Mongolia	Baotou	Inner Mongolia Baotou Steel Union Co., Ltd.	Integrated steel mill	Full process	1750
105	Hebei	Handan	Wu'an Yuhua Iron and Steel Co., Ltd.	Integrated steel mill	Full process	240
106	Jiangsu	Yancheng	Jiangsu Delong Nickel Industry Co., Ltd.	Mini-mill	Full process	112
107	Hebei	Tangshan	Tangshan Songting Iron and Steel Co., Ltd.	Integrated steel mill	Full process	240
108	Hebei	Tangshan	Tangshan Guotang Iron and Steel Co., Ltd.	Integrated steel mill	Full process	300
109	Hebei	Tangshan	Hebei Huaxi Special Steel Co., Ltd.	Integrated steel mill	Full process	170
110	Jiangsu	Lianyun-gang	Lianyungang Yaxin Iron and Steel Co., Ltd.	Integrated steel mill	Full process	300
111	Hebei	Tangshan	Qian'an Jiujiang Wire Rod Co., Ltd.	Integrated steel mill	Full process	550
112	Henan	Zhoukou	Henan Angang Zhoukou Iron and Steel Co., Ltd.	Integrated steel mill	Full process	175
113	Hebei	Tangshan	Hebei Zhongshou Special Steel Group Co., Ltd.	Mini-mill	Full process	82.5
114	Jiangsu	Wuxi	Wuxi Xicheng Special Ship-building Steel Plate Co., Ltd.	Mini-mill	Full process	60
115	Zhejiang	Ningbo	Ningbo Iron and Steel Co., Ltd.	Integrated steel mill	Full process	400
116	Shanxi	Linfen	Shanxi Tongcai Industry and Trade Co., Ltd.	Integrated steel mill	Full process	278

Continued

No.	Province	City	Enterprise name	Enterprise type	Disclosure item	Disclosed capacity /10,000 ton
117	Hebei	Chengde	HBIS Group Co., Ltd. Chengde Branch	Integrated steel mill	Full process	500
118	Henan	Pingding-shan	Wuyang Iron and Steel Co., Ltd.	Integrated steel mill	Full process	440
119	Jiangsu	Wuxi	Jiangyin Huaxi Steel Co., Ltd.	Integrated steel mill	Full process	140
120	Sichuan	Luzhou	Luzhou Xinyang Vanadium Titanium Steel Co., Ltd.	Mini-mill	Full process	200
121	Hebei	Tangshan	Tangshan Fengnan District Jing'an Iron and Steel Co., Ltd.	Integrated steel mill	Full process	240
122	Hebei	Handan	Hebei Xinwu'an Steel Group Hongrong Iron & Steel Co., Ltd.	Integrated steel mill	Full process	135
123	Liaoning	Fushun	Fushun New Iron & Steel Co., Ltd.	Integrated steel mill	Full process	330
124	Jiangsu	Jiangyin	Jiangyin China Resources Steelmaking Co., Ltd.	Mini-mill	Full process	94
125	Zhejiang	Huzhou	Huzhou Shengtelong Metal Products Co., Ltd.	Mini-mill	Full process	25
126	Henan	Shangqiu	Minyuan Iron & Steel Group Co., Ltd.	Integrated steel mill	Organized emissions, Unorganized emissions	300
127	Fujian	Zhangzhou	Fujian Sanbao Steel Co., Ltd.	Integrated steel mill	Clean transporta-tion	387.5
128	Henan	Anyang	Shagang Group Anyang Yongxing Special Steel Co., Ltd.	Integrated steel mill	Organized emissions	260
129	Fujian	Fuzhou	Fujian Dadonghai Industrial Group Co., Ltd.	Integrated steel mill	Clean transporta-tion	220
130	Henan	Jiyuan	Henan Jiyuan Iron & Steel (Group) Co., Ltd.	Integrated steel mill	Organized emissions, Unorganized emissions	400
131	Jiangsu	Wuxi	Jiangsu Wuxi Xinsanzhou Spe-cial Steel Co., Ltd.	Integrated steel mill	Clean transporta-tion	140
132	Shaanxi	Hanzhong	Shaanxi Steel Group Hanzhong Iron & Steel Co., Ltd.	Integrated steel mill	Unorganized emissions, Clean transporta-tion	300

Continued

No.	Province	City	Enterprise name	Enterprise type	Disclosure item	Disclosed capacity /10,000 ton
133	Zhejiang	Jiaxing	Zhejiang Wantai Special Steel Co., Ltd.	Mini-mill	Organized emissions, Clean transportation	120
134	Anhui	Wuhu	Wuhu Xinxing Ductile Iron Pipes Co., Ltd.	Integrated steel mill	Organized emissions, Clean transportation	150
135	Zhejiang	Jiaxing	Zhenshi Group Eastern Special Steel Co., Ltd.	Mini-mill	Organized emissions, Clean transportation	70
136	Chongqing	Changshou District	Chongqing Iron & Steel Co., Ltd.	Integrated steel mill	Clean transportation	840
137	Fujian	Sanming	Fujian Sansteel (Group) Co., Ltd.	Integrated steel mill	Clean transportation	620
138	Jiangsu	Yangzhou	Yangzhou Hengrun Ocean Heavy Industry Co., Ltd.	Integrated steel mill	Unorganized emissions, Clean transportation	350
139	Anhui	Tongling	Tongling Fuxin Iron and Steel Co., Ltd.	Integrated steel mill	Organized emissions, Clean transportation	126
140	Xinjiang	Urumqi	Xinjiang Bayi Iron & Steel Co., Ltd.	Integrated steel mill	Clean transportation	630
141	Hubei	Huangshi	Daye Special Steel Co., Ltd.	Integrated steel mill	Clean transportation	340
142	Guangxi	Fangchenggang	Guangxi Iron & Steel Group Co., Ltd.	Integrated steel mill	Clean transportation	840
143	Guangxi	Fangchenggang	Guangxi Shenglong Metallurgy Co., Ltd.	Integrated steel mill	Unorganized emissions, Clean transportation	978
144	Jiangsu	Danyang	Danyang Longjiang Steel Co., Ltd.	Integrated steel mill	Clean transportation	150

Continued

No.	Province	City	Enterprise name	Enterprise type	Disclosure item	Disclosed capacity /10,000 ton
145	Zhejiang	Quzhou	Quzhou Yuanli Metal Products Co., Ltd.	Integrated steel mill	Clean transportation	500
146	Liaoning	Chaoyang	Lingyuan Iron & Steel Group Co., Ltd.	Integrated steel mill	Clean transportation	570
147	Anhui	Liu'an	Anhui Shoukuang Dachang Metal Materials Co., Ltd.	Integrated steel mill	Clean transportation	317
148	Zhejiang	Ningbo	Ningbo Haoyang New Materials Technology Co., Ltd.	Integrated steel mill	Organized emissions, Clean transportation	40
149	Guangdong	Yangchun	Yangchun New Steel Co., Ltd.	Integrated steel mill	Clean transportation	240
150	Zhejiang	Lishui	Lishui Huahong Iron and Steel Products Co., Ltd.	Mini-Mill	Organized emissions, Clean transportation	120
151	Anhui	Wuhu	Wuhu Fuxin Steel Co., Ltd.	Integrated steel mill	Clean transportation	220
152	Zhejiang	Lishui	Zhejiang Qingshan Steel Co., Ltd.	Mini-Mill	Organized emissions, Clean transportation	35
153	Jiangxi	Pingxiang	Pingxiang Pinggang Anyuan Iron & Steel Co., Ltd.	Integrated steel mill	Organized emissions	320
154	Zhejiang	Ningbo	Ningbo Wanrong Special Steel Co., Ltd.	Mini-mill	Clean transportation	15
155	Liaoning	Chaoyang	Ansteel Group Chaoyang Steel & Iron Co., Ltd.	Integrated Steel Mill	Unorganized emissions, Clean transportation	203
156	Liaoning	Benxi	Bengang Steel Plates Co., Ltd.	Integrated steel mill	Clean transportation	1115
157	Zhejiang	Huzhou	Huzhou Yongxing Special Stainless Steel Co., Ltd.	Mini-mill	Clean transportation	35

Continued

No.	Province	City	Enterprise name	Enterprise type	Disclosure item	Disclosed capacity /10,000 ton
158	Henan	Xinyang	Angang Group Xinyang Iron & Steel Co., Ltd.	Integrated steel mill	Organized emissions	300
159	Sichuan	Panzhihua	Pangang Group Panzhihua Steel Vanadium Co., Ltd.	Integrated steel mill	Clean transportation	590
160	Liaoning	Benxi	Benxi Beiying Iron & Steel (Group) Co., Ltd.	Integrated steel mill	Clean transportation	722.5
161	Jilin	Liaoyuan	Jilin Xinda Iron & Steel Co., Ltd.	Integrated steel mill	Clean transportation	330
162	Fujian	Fuzhou	Fujian Luoyuan Minguang Iron & Steel Co., Ltd.	Integrated steel mill	Clean transportation	202.5
163	Yunnan	Kunming	Wugang Group Kunming Iron & Steel Co., Ltd.	Integrated Steel Mill	Organized emissions, Clean transportation	480
164	Liaoning	Fushun	Fushun Special Steel Co., Ltd.	Mini-mill	Organized emissions, Clean transportation	65
165	Liaoning	Liaoyang	Liaoyang United Iron & Steel Co., Ltd.	Integrated steel mill	Clean transportation	230
166	Jilin	Jilin	Panshi Jianlong Iron & Steel Co., Ltd.	Integrated steel mill	Clean transportation	110
167	Heilongjiang	Shuangyashan	Heilongjiang Jianlong Iron & Steel Co., Ltd.	Integrated steel mill	Clean transportation	200
168	Liaoning	Anshan	Anshan Iron and Steel Group Corporation (Anshan Headquarters)	Integrated steel mill	Clean transportation	1945
169	Inner Mongolia	Wuhai	Baogang Wanteng Iron & Steel Co., Ltd.	Integrated steel mill	Organized emissions	210

Appendix II List of Ultra-low Emission Technologies for the Steel Industry by Emission Sources

Emission Source	Shougang Qian'an Steel	Baosteel (Baoshan Base)	HBIS Laoting Steel	Ansteel Bayuquan Branch	Nangang	Tianjin Rockcheck	Zongheng Steel	Zenith Nantong	Jinnan Steel
Sintering Machine Head	Electrostatic Precipitation+Integrated Desulfurization and Denitrification by Activated Carbon / Electrostatic Precipitation+Dense Phase Dry Tower Desulfurization+SCR Denitrification	ElectrostaticPrecipitation+SCR Denitrification+Circulating Fluidized Bed Desulfurization+Baghouse Filtration/Electrostatic Precipitation+Integrated Desulfurization and Denitrification by Activated Carbon	Twin-Chamber Four-Stage Dust Collection+Circulating Fluidized Bed Desulfurization+SCR Denitrification	Twin-Chamber Four-Field Electrostatic Precipitation+SDA Desulfurization+Baghouse Filtration+SCR Denitrification/Twin-Chamber Four-Field Electrostatic Precipitation+Integrated Desulfurization and Denitrification by Activated Carbon	Electrostatic Precipitation+Rotary Spray Desulfurization+SCR Denitrification / Electrostatic Precipitation+Circulating Fluidized Bed Desulfurization+SCR Denitrification	Four-Field Electrostatic Precipitation+Semi-Dry Flue Gas Circulation Fluidized Bed Desulfurization+SCR Denitrification	Twin-Chamber Four-Field Electrostatic Precipitation+Baghouse Filtration+Integrated Activated Coke Desulfurization+SCR Denitrification	Twin-Chamber Four-Field Electrostatic Precipitation+Activated Carbon Desulfurization and Denitrification / Twin-Chamber Four-field Electrostatic Precipitation+Circulating Fluidized Bed-Flue Gas Desulfurization+SCR Denitrification	Four-Field Electrostatic Precipitation+Activated Carbon Desulfurization and Denitrification/Limestone/Lime-Gypsum Desulfurization System+SCR Denitrification/Circulating Fluidized Bed Method+SCR Denitrification
Sinter Machine Tail	Baghouse Filtration	Baghouse Filtration	Electrostatic-Baghouse Integrated Filtration	Baghouse Filtration	Baghouse Filtration	Baghouse Filtration	Baghouse Filtration	Baghouse Filtration	Baghouse Filtration

Continued

Emission Source		Shougang Qian'an Steel	Baosteel (Baoshan Base)	HBIS Laoting Steel	Ansteel Bayuquan Branch	Nangang	Tianjin Rock-check	Zongheng Steel	Zenith Nantong	Jinnan Steel
Pellet Roasting Flue Gas	Chain Grate Machine Rotary Kiln	Electrostatic Precipitation+ Integrated Desulfurization and Denitrification by Activated Carbon +SCR Denitrification	—	—	Twin-Chamber Three-Field Electrostatic Precipitation+ SDA Desulfurization+Baghouse Filtration+Mid-Low Temperature SCR Denitrification		Four-field Electrostatic Precipitation+Semi-Dry Flue Gas Circulation Fluidized Bed Desulfurization+ SCR Denitrification	—	—	Four-field Electrostatic Precipitation+ Limestone/ Lime-Gypsum Desulfurization+SCR Denitrification
	Straight Grate Machine	Electrostatic Precipitation+Dense-Phase Dry Tower Desulfurization+SCR Denitrification	—	Twin-Chamber Four-Stage Dust Collection+ Circulating Fluidized Bed Desulfurization+ SCR Denitrification	—		—	—	Four-Field Electrostatic Precipitation+Circulating Fluidized Bed-Flue Gas Desulfurization+SCR Denitrification	—
	Blast Furnace	—	—	—	—		—	—	—	—

Continued

Emission Source	Shougang Qian'an Steel	Baosteel (Baoshan Base)	HBIS Laoting Steel	Ansteel Bayuquan Branch	Nangang	Tianjin Rockcheck	Zongheng Steel	Zenith Nantong	Jinnan Steel
Coke Oven Flue Gas	—	Activated Carbon-Based Catalytic Desulfurization+SCR Denitrification / SDA Rotary Spray Desulfurization+Staged Combustion/Heating+SCR Denitrification+Baghouse Filtration, Activated Carbon (Redundant-Hot Standby)	—	Baghouse Filtration+SDS Desulfurization+SCR Denitrification	$NaHCO_3$ Desulfurization+Baghouse Filtration+SCR Denitrification	—	Semi-Dry Desulfurization+Baghouse Filtration+Low-Temperature SCR Denitrification	Dry Desulfurization (DS)+Baghouse Filtration+SCR Denitrification	SCR Denitrification+SDS Desulfurization+Baghouse Filtration / CFB Desulfurization+Baghouse Filtration+SCR Denitrification
Coal Charging and Coke Pushing	—	Baghouse Filtration	—	Baghouse Filtration	Baghouse Filtration	—	Baghouse Filtration+Dry Desulfurization	Baghouse Filtration	Baghouse Filtration
Coke Dry Quenching	—	Activated Carbon-Based Catalytic Desulfurization	—	Baghouse Filtration+SDS Desulfurization	Baghouse Filtration+Sent to respective coke oven flue gas treatment systems for processing	—	Baghouse Filtration+Dry Desulfurization	Baghouse Filtration+sent to respective coke oven flue gas treatment systems for processing	Baghouse Filtration+Limestone-Gypsum Wet Flue Gas Desulfurization + Wet Electrostatic Precipitation+Dry Desulfurization

Continued

Emission Source	Shougang Qian'an Steel	Baosteel (Baoshan Base)	HBIS Laoting Steel	Ansteel Bayuquan Branch	Nangang	Tianjin Rock-check	Zongheng Steel	Zenith Nantong	Jinnan Steel
Blast Furnace Raw Material Bins and Casthouse	Baghouse Filtration	Baghouse Filtration	Baghouse Filtration	Baghouse Filtration	Baghouse Filtration	Baghouse Filtration	Baghouse Filtration	Baghouse Filtration	Baghouse Filtration
Blast Furnace Hot Stove Flue Gas	Dense-Phase Dry Tower Desulfurization+ SCR Denitrification	Firing with Purified Flue Gas+ Fixed-Bed Calcium-Based Desulfurization	Fixed-Bed Desulfurization	Fixed-Bed Desulfurization	SDS Desulfurization with Calcium Additives	Firing with Deeply Desulfurized Gas (Molecular Sieve Adsorption)	Baghouse Filtration+SDS Desulfurization+SCR Denitrification	Firing with Purified Flue Gas, Blast Furnace Gas Deep Desulfurization (Hydrolysis Catalysis+Adsorption/ Dry Desulfurization)	Dry Desulfurization+Baghouse Filtration
Basic Oxygen Furnace Secondary Off-Gas	Baghouse Filtration	Baghouse Filtration	Baghouse Filtration	Baghouse Filtration	Baghouse Filtration	Baghouse Filtration	Baghouse Filtration	Baghouse Filtration	Baghouse Filtration
Lime Kiln Calcination	—	—	Baghouse Filtration+ SCR Denitrification	—	Baghouse Filtration	Baghouse Filtration	Baghouse Filtration+ SCR Denitrification	Baghouse Filtration+SCR Denitrification	Baghouse Filtration+ Dry Desulfurization SDS+ SNCR Denitrification

Continued

Emission Source	Shougang Qian'an Steel	Baosteel (Baoshan Base)	HBIS Laoting Steel	Ansteel Bayuquan Branch	Nangang	Tianjin Rockcheck	Zongheng Steel	Zenith Nantong	Jinnan Steel
Flue Gas from Rolling Mill Reheating Furnace & Heat Treatment Furnace	Dry Desulfurization+SCR Denitrification	Firing with Purified Flue Gas/Natural Gas+Low-NO_x Combustion; Firing with Purified Flue Gas/Natural Gas	Fixed-Bed Desulfurization	Firing with Deeply Desulfurized Blast Furnace Gas (Hydrolysis Catalysis + Adsorption)	—	Firing with Deeply Desulfurized Gas (Molecular Sieve Adsorption)	Low-NO_x Combustion+SCR Denitrification+SDS Desulfurization+Baghouse Filtration	Firing with Purified Flue Gas, Blast Furnace Gas Deep Desulfurization (Hydrolysis Catalysis+Adsorption/Dry Desulfurization)	Firing with Purified Flue Gas, Blast Furnace Gas Deep Desulfurization (Hydrolysis Catalysis+Acid-Base Neutralization)
Gas-Fired Boiler	High-Efficiency Low-NO_x Combustion+Dense-Phase Dry Tower Desulfurization	Electrostatic Precipitation+SCR Denitrification+Limestone-Gypsum Wet Flue Gas Desulfurization+Wet Electrical Precipitation	Fixed-Bed Desulfurization	Firing with Deeply Desulfurized Blast Furnace Gas (Hydrolysis Catalysis+Adsorption)+SNCR+SCR Denitrification	Sodium Bicarbonate Injection Desulfurization+Baghouse Filtration+Bio-Selective Non-Catalytic Reduction (BSNCR) with Calcium Agent	SDS Dry Desulfurization+Baghouse Filtration	Baghouse Filtration+Spray-Dry Desulfurization+SCR Denitrification+Low-NO_x Combustion	SCR Denitrification+Limestone-Gypsum Wet Flue Gas Desulfurization + Wet Electrical Precipitation	Baghouse Filtration+Dry Desulfurization+SCR Denitrification
CCPP	High-Efficiency Low-NO_x Combustion+Fuel Gas Deep Desulfurization	—	—	—		—	—	—	—

Appendix III List of Ultra-low Emission BAT Technologies for the Steel Industry

1. Raw Material Handling

(1) High-Efficiency Baghouse Filtration Technology

(2) Sealed Material Transfer Chute Technology

(3) Conveyor Belt Return-Side Cleaning System

2. Coking Process

(1) Baghouse (Cartridge) Dust Collection

(2) Coke Oven Flue Gas Hydrolysis-Based Deep Desulfurization

(3) Flue Gas Circulating Fluidized Bed (CFB) Desulfurization

(4) Sodium Bicarbonate Injection Dry Desulfurization for Coke Oven Flue Gas

(5) SDS Desulfurization + SCR Denitrification Integrated System

(6) Single-Chamber Pressure Regulation (CPR) for Coke Ovens

3. Sintering & Pelletizing

(1) Four-Field ESP for Sinter Machine Head (Pelletizing)

(2) Mixed-Flow Heated Baghouse for Sinter Mixer Exhaust

(3) Coupled Cyclic Utilization of Dust-Laden Air from Sinter Cooler

(4) Fabric Filtration with Pollutant-Carbon Reduction for Sinter Machine Head/Pelletizing Flue Gas

(5) Carbon-Oxygen Restructuring Energy Saving and Emission Reduction Tech for Large Sinters

(6) Flue Gas Direct-Spray Condensation Integrated WFGD

(7) CFB-FGD for Sintering Flue Gas

(8) Activated Carbon (Coke) Adsorption for Sinter/Pellet Flue Gas

(9) Sinter Machine Flue Gas Recirculation Technology

(10) SCR Denitrification for Sinter Head Flue Gas (Pelletizing)

4. Ironmaking

(1) Energy-Saving and High-Efficiency Pulse-Jet Baghouse Filtration for BF Stoves

(2) Low-Temperature Waste Heat Recovery with Synergistic Dust-SO_2-CO_2 Control

(3) Full Recovery System for BF Equalizing Tank Vent Gas

(4) Zero Bleed-off Technology for Blast Furnace Gas

(5) Integrated "QuadTech": Low-NOx Combustion + SDS Desulfurization+ SCR Denitrification + Baghouse Filtration with Membrane-Coated Filter Media

5. Steelmaking

(1) Ultra-Clean & Energy-Saving Primary Dry Dedusting for BOF

(2) LT Dry Dedusting Technology for Primary BOF Flue Gas

(3) Dry Filtration Process (DFP) Ultra-low Emission Tech for Primary BOF

Flue Gas

(4) New OG Wet Scrubbing + Explosion-Proof WESP for Primary BOF Flue Gas

(5) High-Efficiency and Energy-Saving Baghouse Filtration for Secondary BOF Flue Gas

(6) 5EAF In-furnace Extraction + Enclosure Hood + Roof Hood + Quenching + Baghouse

(7) Wet ESP for Slag Processing

(8) Fixed Factory Platform Centralized Vacuum Cleaning System

6. Rolling

(1) SDS Desulfurization + SCR Denitrification for Rolling Mill Reheating Furnaces

(2) Flameless Combustion Source Control Ultra-low NO_x Emission Technology for Heating Furnaces

(3) Gas Backflushing Technology for Rolling Mill Reheating Furnaces

(4) Sintered Plastic Plate Dust Collection for Finishing Mills

7. Captive Power Plant

Integrated Desulfurization & Denitrification for Gas-Fired Boilers

Energy Conservation and Environmental Protection Working Committee of China Iron and Steel Association

Released and promoted on November 8, 2023